Die Roten Hefte 108

Altersgerechte Ausbildung in der Jugendfeuerwehr

Silke Wehrle
Aktive Feuerwehrfrau
Armin Maier
Aktiver Feuerwehrmann
Geschäftsführer der Ausbildungsplattform »FireCircle«
Roswitha Maier
Verfasserin von Feuerwehr-Fachartikeln

Verlag W. Kohlhammer

Dieses Werk einschließlich aller seiner Teile ist urheberrechtlich geschützt. Jede Verwendung außerhalb der engen Grenzen des Urheberrechts ist ohne Zustimmung des Verlags unzulässig und strafbar. Das gilt insbesondere für Vervielfältigungen, Übersetzungen, Mikroverfilmungen und für die Einspeicherung und Verarbeitung in elektronischen Systemen.

Die Wiedergabe von Warenbezeichnungen, Handelsnamen und sonstigen Kennzeichen in diesem Buch berechtigt nicht zu der Annahme, dass diese von jedermann frei benutzt werden dürfen. Vielmehr kann es sich auch dann um eingetragene Warenzeichen oder sonstige geschützte Kennzeichen handeln, wenn sie nicht eigens als solche gekennzeichnet sind.

Die Abbildungen stammen – sofern nicht anders angegeben – von den Autoren.

1. Auflage 2021

Alle Rechte vorbehalten
© W. Kohlhammer GmbH, Stuttgart
Gesamtherstellung: W. Kohlhammer GmbH, Stuttgart

Print:
ISBN 978-3-17-036484-4

E-Book-Formate:
pdf: ISBN 978-3-17-038668-6
epub: ISBN 978-3-17-038669-3
mobi: ISBN 978-3-17-038670-9

Für den Inhalt abgedruckter oder verlinkter Websites ist ausschließlich der jeweilige Betreiber verantwortlich. Die W. Kohlhammer GmbH hat keinen Einfluss auf die verknüpften Seiten und übernimmt hierfür keinerlei Haftung.

Inhaltsverzeichnis

Inhaltsverzeichnis

Inhaltsverzeichnis

Inhaltsverzeichnis

Vorwort

Mit diesem kleinen Büchlein möchten wir Dir als Ausbilder eine praktische Hilfestellung zur Hand geben, die Dir den Alltag in der Jugendfeuerwehr erleichtern und Dir die Freude am Umgang mit Kindern und Jugendlichen erhalten soll – egal ob Du ein Ausbilder-Neuling oder schon länger dabei bist. Sicherlich ist nicht jeder Vorschlag für jeden etwas, doch jeder findet bestimmt einige Punkte, die für ihn praktikabel und sinnvoll erscheinen.

Du bist mit Feuer und Flamme in Deiner Feuerwehr aktiv und brennst für die dortige Jugendarbeit? Doch eventuell warst Du auch schon mal kurz davor alles hinzuschmeißen, aufzugeben und die Jugendfeuerwehr sein zu lassen, um etwas zu machen, was Dir nicht die letzten Nerven raubt? Dann bist Du mit diesen Gedanken und Gefühlen nicht allein, denn es geht vielen Ausbildern in der Jugendfeuerwehr ähnlich.

Auch wenn der Spruch »früher war alles besser und einfacher« immer als nostalgische Aussage belächelt wurde und immer noch wird, so kann man doch mit Sicherheit sagen, dass der Umgang mit Kindern und Jugendlichen in der heutigen Zeit zu einer Herausforderung geworden ist. Das digitale Zeitalter, die neuen Medien, die sich wandelnde Gesellschaft, ein neues Verständnis von Familie und Zusammengehörigkeit, ein verlorengehendes Pflichtgefühl und der »moralische Zerfall« sind Schlagworte, die heutzutage immer wieder im Zusammenhang mit jungen Leuten genannt werden.

- Aber ist bei der Jugend von heute wirklich »Hopfen und Malz« verloren oder gibt es Möglichkeiten, wie man genau diese in die Jugendfeuerwehr holen und vor allem auch in ihr halten kann?
- Wie reagieren wir angemessen, wenn es mit den Jugendlichen eskaliert und der Frust immer größer wird?
- Wie kann störendes Benehmen in konstruktives und kooperatives Verhalten umgewandelt, Stimmung und Motivation verbessert sowie junge Menschen für die Jugendfeuerwehr begeistert werden?
- Ist es möglich, klare Strukturen zu schaffen und ein einheitliches Regelwerk einzuführen?

Wir wünschen viel Freude beim Lesen, den einen oder anderen »Aha-Effekt« und viel Erfolg beim Ausprobieren, Umsetzen und Beibehalten.

Die Autoren möchten hiermit darauf hinweisen, dass

- jede männliche Form von Jugendlicher/Ausbilder etc. immer auch weiblich und divers gemeint ist und nur aus leserlichen Gründen vereinfacht angeführt wird.
- das Wort »Ausbilder« immer gleichgesetzt mit Betreuer, Jugendwart, Jugendleiter und dergleichen ist.
- mit »Eltern« generell jede Art von Erziehungsberechtigten gemeint sind.
- mit Jugendfeuerwehrdienst sämtliche Zusammenkünfte, Ausbildungen, Ausflüge und Tätigkeiten im Rahmen der Jugendfeuerwehr gemeint ist.

1 Pubertät

Für die meisten Erwachsenen ist das Wort »Pubertät« und alles, was damit in Zusammenhang steht etwas, das sie in Angstschweiß ausbrechen lässt. Besonders in der schwierigen Zeit der Pubertät, in der sich Kinder und Jugendliche selbst finden und sich intensiv mit sich selbst auseinandersetzen müssen, wird der Umgang mit Erwachsenen oft zur Machtprobe. Allerdings sind gerade in einer solchen Zeit Hobbys besonders wichtig – eignen sie sich doch für Kinder und Teenager gleichermaßen und geben sowohl Halt als auch Kontinuität in dieser Übergangsphase zum Erwachsenenwerden. Etwas zu können, gemeinsam zu schaffen und auch mal Hürden zu überwinden macht stark und gibt das Gefühl, in einem Team eingegliedert zu werden. Genau hier kann die Jugendfeuerwehr mit Euch als Ausbilder ansetzen, um junge Menschen einerseits mit ins Boot zu holen und zu motivieren, andererseits den Spaß mit lebenslangem Lernen zu verbinden.

1.1 Abschied von der Kindheit – Zeit des Zweifels und der Unsicherheit

Die Pubertät ist eine der schwierigsten Entwicklungsphasen auf dem Weg zum Erwachsenenwerden. Diese Zeitspanne im Alter zwischen 11 und 17 Jahren ist ein Prozess der emotionalen, körperlichen und sozialen Verselbständigung der Kinder, der alle Beteiligten vor sehr hohe Ansprüche stellt.

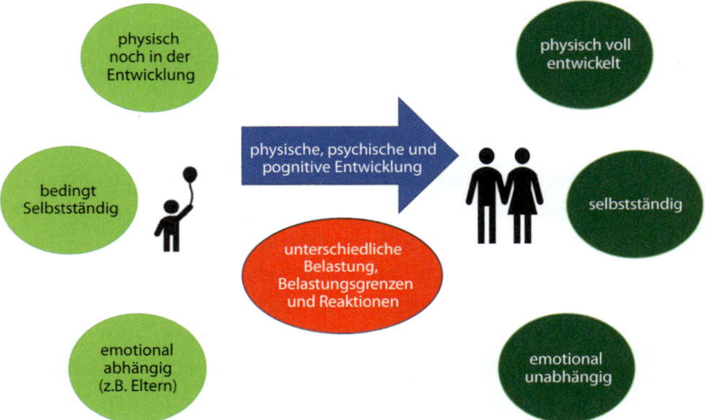

Bild 1: *Unterschied zwischen Minderjährigen und Erwachsenen (nach Koch, 2019)*

Zudem ist die Pubertät eine Zeit des Zweifelns und der Unsicherheit. Die Pubertierenden fühlen sich nicht mehr als Kind, aber die Welt der Erwachsenen erscheint oft unverständlich und mysteriös. Auch wenn der offensichtliche Unterschied zu Erwachsenen allein schon im physischen Erscheinungsbild ersichtlich ist, gibt es auch Differenzen in der emotionalen Stabilität sowie im kognitiven Bereich. Daher sind generelle Anforderungen an Kinder und Jugendliche anders als an Erwachsene und auch die Grenzen der physischen und psychischen Belastbarkeit sind viel niedriger.

Die Zeit der Pubertät ist häufig von vielen Herausforderungen geprägt: das Gefühlschaos der ersten Liebe, Probleme mit dem veränderten eigenen Körper, Sinnkrise, Stimmungs-schwankungen etc. Die Mädchen und Jungen, die zu uns in die Jugendfeuerwehr kommen, sind meistens zwischen acht und 18 Jahren alt und befinden sich damit zu Beginn bzw. mitten in der Pubertät.

Säugling *(komplette Abhängigkeit)* **1. – 2.** Lebensjahr	Kind *(Kindergarten u. Grundschule)* **3. – 12.** Lebensjahr	Jugendlicher *(Pubertät, Selbstständigkeit)* **13. – 21.** Lebensjahr	Erwachsener *(Familie u. Beruf)* **22. – 66.** Lebensjahr	Rentner *(Anpassungen an Ruhestand, Bewältigung von Verlusten)* **66. – ✝**

Bild 2:   *Die Lebensphasen des Menschen*

Oft haben die Ausbilder keine pädagogische Ausbildung und meist noch wenig Erfahrung im Umgang mit (eigenen) Kin-dern. Dadurch fällt es wiederholt schwer zu verstehen, was in den pubertierenden Jugendlichen vorgeht – auch wenn wir alle selbst mal jung waren. Da die Pubertät nicht nur körperliche Veränderungen mit sich bringt, sondern auch den emotionalen

Zustand und das Sozialverhalten der Jugendlichen beeinflusst, ist ein routinierter Umgang mit Jugendlichen ein wichtiges Unterfangen. Die Geschlechtsreife entwickelt sich und die Hormone, die für diesen Prozess verantwortlich sind, führen zu extremen Stimmungsschwankungen – in Nanosekunden von gut gelaunt zu hochexplosiv. Diese Launenhaftigkeit ist der häufigste Grund für mögliche Auseinandersetzungen in der Jugendfeuerwehr. Konflikte solcher Art sollten jedoch nicht einfach unterdrückt werden, sondern sind sogar wichtig – kennzeichnen sie doch oft den ersten Abschied von der Kindheit hin zum Erwachsenwerden. In dieser Phase bilden Jugendliche ihre ersten eigenen Grundsätze und Meinungen, die eigenen Charakterzüge festigen sich und äußere Vorkommnisse werden bewusster wahrgenommen.

1.2   Die »zweite Trotzphase« oder »Das Kind im Teenager«

Bild 3: *Das Kind in der Trotzphase*

In der Lebensphase der Pubertät geht es darum, seine eigene Identität zu entwickeln und sich sowohl bewusst als auch unbewusst von den Erwachsenen abzugrenzen. Ein Grund für die auftretenden Differenzen zwischen Jugendlichen und Erwachsenen kann die veränderte Urteilsfähigkeit sein, wodurch das Handeln der Erwachsenen eher in Frage gestellt und kritisiert wird. Zusätzlich verändern sich mit der körperlichen Reife auch die Rollen der Jugendlichen in ihrem Leben und sie wollen dementsprechend als Erwachsene behandelt werden. Die Heranwachsenden wollen auch für ihren Freizeitbereich mehr Verantwortung übernehmen, Erwachsene hingegen wollen diese oft vor »Schaden« bewahren und nehmen so eine Gegenposition ein. Diese Distanzierung ist sehr bedeutend, denn die Kinder und Jugendlichen lernen, ihre eigene Urteilsfähigkeit und Meinung zu entwickeln. Sie loten ihr Handeln aus und analysieren dabei die Reaktionen von außen. Häufig wird die Pubertät aus genau diesen Streitigkeiten auch die »zweite Trotzphase« genannt.

Sich abzugrenzen ist gerade heutzutage, im Vergleich zu früher, nicht immer einfach. Nicht selten leben die heutigen Erwachsenen ähnlich wie die Jugendlichen, d. h. sie hören die gleiche Musik, ziehen sich jugendlich und »hipp« an und haben die gleichen Hobbys. Die jungen Leute spüren und sehen kaum noch Unterschiede, was die Rebellion gegen die Welt der Erwachsenen oft nur vergrößert.

Kinder und Jugendliche haben in dieser Phase das große Bedürfnis nach Autonomie und respektvoller Behandlung. Es ist ihnen dabei sehr wichtig, an Entscheidungen teilhaben zu können und gehört zu werden. Wir als Ausbilder sollten versuchen, ihnen eine angemessene Verantwortung innerhalb der Jugendfeuerwehr zu übertragen und sie somit auf ihrem Weg zu bestärken. Mögliche Verantwortungsbereiche wären etwa die Pflege des Gerätehauses, die Organisation von Speisen und Getränken für den Jugendfeuerwehrdienst, die Kleiderverwaltung und ähnliche Aufgaben, die je nach Jugendfeuerwehr unterschiedlich ausfallen können. Auch können während des Jugendfeuerwehrdienstes ältere Jugendliche die jüngeren anleiten bzw. unterstützen, da die Akzeptanz der Anleitung durch andere Kinder bzw. Jugendliche oft größer ist als durch Erwachsene. Dies sollte jedoch im Hintergrund und immer in Abstimmung mit dem Ausbilder geschehen.

1.3   Patentrezepte gibt es nicht

Leider gibt es im Umgang mit pubertierenden jungen Menschen keine Standardlösungen, sondern jede Situation muss für sich betrachtet und evaluiert werden. Grundsätzlich gibt es jedoch einige Verhaltenstipps, die den Umgang mit Pubertierenden erleichtern können und je nach Kontext und Sachlage in Betracht gezogen werden sollten. Im Folgenden einige Vorschläge:

- Erwachsene sind Vorbilder – innerhalb und außerhalb der Feuerwehr.
- Gleiche Regeln für Groß und Klein.
- Gemeinsam(e) Regeln aufstellen.
- Kein »Bester-Kumpel-Verhalten« den Kindern und Jugendlichen gegenüber.
- Konsequente Meinung und Reaktion.
- Sicherheit und Orientierung geben durch Aufzeigen notwendiger Grenzen (Regeln).
- Bedürfnisse beachten.
- Möglichkeit der Meinungsäußerung durch die jungen Leute selbst und ein daraus resultierendes Treffen von Entscheidungen durch sie.
- Kritik und Konflikte nicht persönlich nehmen.

- Bei Erfolg Lob aussprechen – Anerkennung und Wertschätzung zeigen.
- Stärke zeigen durch Entschuldigen bei eigenem Fehlverhalten den Kindern und Jugendlichen gegenüber.
- Durch Fehler lernen lassen und diese Möglichkeit auch anbieten (ohne materiellen oder menschlichen Schaden zu verursachen).
- Fehler bzw. Fehlverhalten eines Einzelnen nicht vor der Gruppe bloßstellen.

Es müssen nicht immer alle Verhaltenstipps angewendet werden, manchmal reicht es jedoch schon aus, ein paar Dinge praktisch umzusetzen, um eine kriselnde Situation zu beschwichtigen und »unter Kontrolle« zu bekommen.

Bild 4: *Oops – Patentrezepte gibt es nicht*

Zum Schluss ein kleiner Geheimtipp für alle Ausbilder: Humor ist, wenn man trotzdem lacht – auch wenn die Situation einen zu überfordern scheint. Gelassenheit und ein Lächeln können oft den ersten Wind aus den Segeln nehmen! Bevor Du impulsiv Deine Meinung vertrittst oder schimpfst, atme innerlich tief durch, zähle bis drei und versuche dann mit ruhiger Stimme zu reden. Emotionsgeladene Reaktionen lösen oft Trotzreaktionen aus.

1.4   Selbstkontrolle

1. Für wen gelten Regeln?
   a) Für die Ausbilder
   b) Nur für die Jugendlichen
   c) Für Ausbilder, Kinder und Jugendliche

2. Sollen Kinder und Jugendliche ihre Meinung äußern dürfen?
   a) Ja
   b) Nein
   c) Nur in bestimmten Situationen

3. Wodurch zeigen Ausbilder ihre Stärke?
   a) Sie brüllen und schreien, um sich Gehör zu verschaffen.
   b) Sie gestehen den Kindern und Jugendlichen gegenüber eigene Fehler ein.
   c) Sie halten ihren Jugendfeuerwehrdienst unbeirrt weiter, auch wenn nicht alle zuhören.

2 Soziale Grundbedürfnisse

Alle Menschen haben bestimmte Grundbedürfnisse und möchten diese erfüllt haben. Aus diesem Grund verfolgt jedes menschliche Verhalten ein bestimmtes Ziel, bewusst oder unbewusst. Grundbedürfnisse sind die Voraussetzung für das körperliche und seelische Wohlbefinden und die Entfaltung der menschlichen Persönlichkeit (LpB, 2017). Um mit zunehmendem Alter selbständiger und kompetenter die eigene Bedürfnisbefriedigung übernehmen zu können, braucht der Mensch fortlaufende und an das jeweilige Alter angepasste Anregung, Förderung und Anforderung.

2.1 Die Bedürfnis-Pyramide

Die Maslowsche Bedürfnispyramide des US-amerikanischen Psychologen Abraham Maslow (1908 -1970) ist eine simple und anschauliche Darstellung der Hierarchie menschlicher Bedürfnisse und Motivationen (LpB, 2017):

- **Physiologisches Bedürfnis:**
  Bedürfnis nach regelmäßigem Schlaf-Wach-Rhythmus, Nahrungsaufnahme, Körperpflege, Gesundheitsfürsorge und Körperkontakt.
- **Sicherheitsbedürfnis:**
  Bedürfnis nach Schutz vor Gefahren und Krankheiten.

- **Zugehörigkeits- und Liebesbedürfnis:**
  Bedürfnis nach Mitgliedschaft in einer sozialen Gemeinschaft sowie nach emotionaler Nähe und Verbundenheit. Speziell Kinder und Jugendliche benötigen verlässliche, konstante Bezugspersonen, einfühlendes Verständnis, Zuwendung und mit zunehmendem Alter eine Unterstützung bei der Initiierung und Aufrechterhaltung von zwischenmenschlichen und emotionalen Bindungen sowie eine Förderung in der Entwicklung sozialer Fertigkeiten und emotionaler Kompetenzen.

- **Wertschätzungs- und Geltungsbedürfnis:**
  Bedürfnis, sich in der sozialen Gemeinschaft zu integrieren und Anerkennung und Bestätigung zu erfahren. Kinder und Jugendliche brauchen Bezugspersonen, die ihre Individualität und Eigenständigkeit positiv spiegeln und Erfahrungen der Selbstwirksamkeit ermöglichen. Diese sollen auch ihr Selbstbewusstsein stärken und sie altersgemäß zu weiteren Leistungen durch Spiel und Anregung herausfordern.

- **Bedürfnis nach Selbstverwirklichung:**
  Bedürfnis, Persönlichkeit entsprechend der Fähigkeiten und Talente zu entfalten.

So einfach die Darstellung dieser Bedürfnisse anhand der Pyramide auch ist, dürfen wir nicht vergessen, dass der Mensch ein komplexes Wesen ist und Ausnahmen immer die Regeln bestätigen. Das Modell soll dem grundsätzlichen Hintergrundverständnis der menschlichen Psyche dienen, um den Umgang miteinander zu erleichtern und zu vereinfachen.

Beruhend auf der Maslowschen Bedürfnispyramide können wir zusammenfassend sagen, das Kind bzw. der Jugendliche will…

- … dazugehören, sich beliebt und geliebt fühlen.
- … wichtig sein, Bedeutung haben.
- … sich fähig fühlen und Einfluss nehmen können.
- … sich geborgen und sicher fühlen.

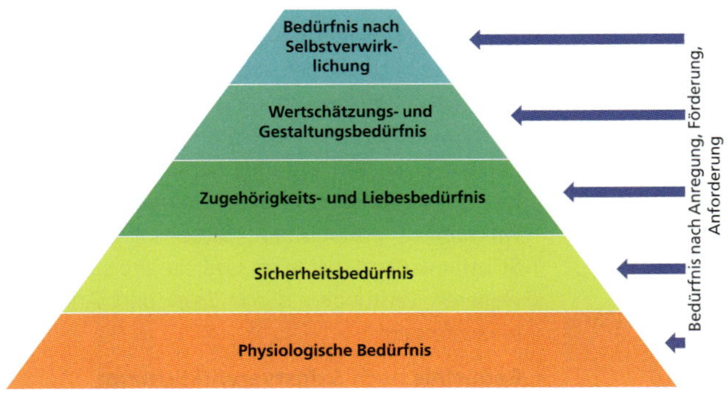

Bild 5:   *Die Bedürfnispyramide nach Maslow (1908 – 1970)*

2.2   Der Mensch als soziales Wesen

Sicher erfüllst Du als Ausbilder schon auf vielfältige Art und Weise die Grundbedürfnisse der Kinder und Jugendlichen und dennoch kann die Sehnsucht nach Erfüllung dieser Bedürfnisse immer wieder die alltägliche Gruppensituation prägen. Stört ein Gruppenmitglied durch sein Verhalten, kann dies ein Signal dafür sein, dass es hinsichtlich eines Grundbedürfnisses verunsichert ist, sich nicht wertgeschätzt, fähig oder zugehörig fühlt.

Unser ganzes Tun ist darauf ausgerichtet, einen angemessenen Platz in einer Gruppe zu finden, denn der stärkste Beweggrund ist die Sehnsucht nach Zugehörigkeit in einer bestimmten Gemeinschaft (Grundmann, 2010).

Das Kind oder der Jugendliche will ein anerkanntes und wichtiges Mitglied innerhalb des Teams sein. Damit er dieses

Bild 6: *Känguru – Symbol für Geborgenheit*

Ziel erreicht, wählt er die für ihn beste und erfolgreichste Methode, um dazuzugehören und wertgeschätzt zu werden. Bei Erfolg spüren junge Menschen Verbundenheit und erleben ein Gemeinschaftsgefühl. Dieses Empfinden ist für sie sozusagen »lebenswichtig«. Sollte die von ihnen gewählte Methode nicht zum gewünschten Erfolg führen, sind Konflikte leider vorprogrammiert.

2.3 Ausbilder als psychologischer Beistand

Um dem eben beschriebenen Ziel der Gemeinschaft näher zu kommen, kannst Du als Ausbilder den nötigen Rahmen schaffen, in dem das Kind oder der Jugendliche die Möglichkeit findet, dieses Gefühl zu erleben. Im Folgenden einige Ansatzpunkte:

- Respektvollen und wertschätzenden Umgang pflegen.
- Achtsame und ermutigende, jedoch konsequente Haltung einnehmen.
- Gerecht und stets gleich verlässlich handeln.
- Verbindliche Regeln für alle aufstellen.
- Dienste mit bestimmten Ritualen beginnen und enden lassen.
- Kindern und Jugendlichen ein Mitspracherecht gewähren.
- Kinder und Jugendliche nach ihren Stärken einsetzen und gute Leistung wertschätzend hervorheben.

- Nicht auf Fehlern »herumreiten«, sondern versuchen, diese zu verbessern.
- Geduld aufbringen – nicht jeder kann alles sofort.

Bild 7: *Regelwerk gemeinsam erstellen*

Auf viele Fragen, die Dir während eines Jugendfeuerwehrdienstes durch den Kopf gehen, wie etwa »Warum kapiert das Kind die Aufgabe nicht?«, wird es nicht immer sofort eine Antwort geben. Manche können die Aufgabe tatsächlich aufgrund fehlenden Intellektes nicht verstehen, bei vielen können hingegen externe Gründe für die fehlende Aufnahmefähigkeit vorhanden sein. Letzteres gilt es herauszufinden und die Betroffenen entsprechend zu unterstützen und zu fördern.

Grundsätzlich gilt: Nie ein Kind oder einen Jugendlichen vor der Gruppe vorführen – immer ein ruhiges Gespräch unter vier Augen suchen!

Du hast in diesem Sinne nicht nur die Aufgabe, die nötige Ausbildung innerhalb der Feuerwehrtätigkeiten sicherzustellen, Du bist auch dafür verantwortlich, dass sich die jungen

Leute innerhalb des Teams wohl, akzeptiert und verstanden fühlen. Einfühlungsvermögen und eine große Portion Verständnis für die momentane Situation sind hierfür jedoch Voraussetzung.

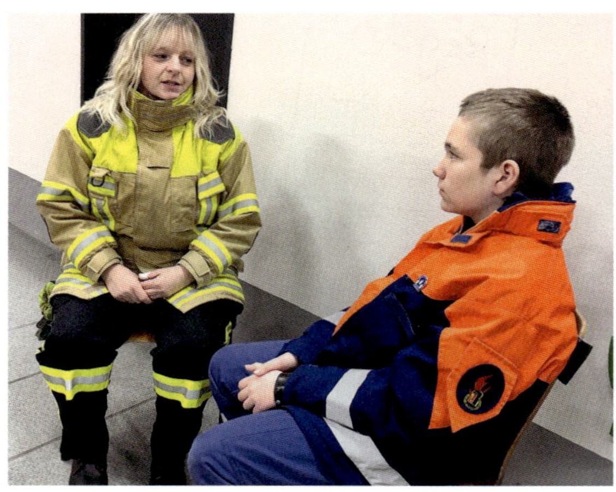

Bild 8: *4-Augengespräch Ausbilder – Jugendlicher*

2.4   Selbstkontrolle

1. Ist ein Vier-Augen-Gespräch bei Problemen mit Einzelnen sinnvoll?
   a) Nein, Probleme immer mit dem ganzen Team besprechen.
   b) Ja, der Einzelne soll nie vor der Gruppe vorgeführt werden.
   c) Ja, wenn die Gruppe das Thema bereits ausführlich diskutiert hat.
2. Was sind die Grundbedürfnisse des Menschen?
   a) Gesundheit, Nahrungsaufnahme und Wach-Schlaf-Rhythmus.
   b) Soziale Fertigkeiten und emotionale Kompetenzen.
   c) Selbstverwirklichung, Talententwicklung, Stärkung des Selbstbewusstseins.
3. Welche sozialen Merkmale sind Voraussetzungen für den Ausbilder?
   a) Bester Kumpel für alle sein.
   b) Einen spannenden Jugendfeuerwehrdienst abhalten.
   c) Einfühlungsvermögen und Verständnis zeigen.

3 Anforderungen an die Ausbilder

Damit Du als Ausbilder bei der Jugendfeuerwehr beginnen kannst, benötigst Du einige Voraussetzungen. Nicht jeder der möchte, kann ohne weiteres die Aufgaben eines Ausbilders mit allen dazugehörigen Pflichten und Anforderungen übernehmen.

Bild 9: *Anforderungen an Ausbilder*

Folgende persönliche Eigenschaften solltest Du mitbringen:

- persönliche Reife, die es ermöglicht, auf Minderjährige zu achten,

- pädagogisches Geschick im Umgang mit den Kindern und Jugendlichen,
- natürliche Autorität,
- keine Vorstrafen – ein qualifiziertes Führungszeugnis muss regelmäßig vorgelegt werden,
- Zuverlässigkeit und Verantwortungsgefühl,
- klares Regelverständnis und Ausführen der Vorbildfunktion,
- Spaß und Freude an dieser Aufgabe,
- Humor, Offenheit, Empathie, Selbstreflexion, Kritikfähigkeit, Belastbarkeit.

Daneben gibt es jedoch auch einige fachliche Anforderungen, die Du als Ausbilder bei der Feuerwehr vorweisen musst. Diese können von Bundesland zu Bundesland unterschiedlich sein, daher musst Du Dich im Vorhinein erkundigen, was auf Dich zutrifft. Hier eine Auswahl:

- Deutschlandweit muss jeder Ausbilder über eine Jugendgruppenleiter-Karte (Juleica) verfügen. Je nach Bundesland sind verschiedene Voraussetzungen für die Ausbildung erforderlich:
    - Erste-Hilfe,
    - Erste ehrenamtliche Erfahrung in der Jugendarbeit,
    - Jugendgruppenleiter-Ausbildung,
- Zusatz-Qualifikation wie etwa »Gruppenführer-Lehrgang«,
- Führerschein empfehlenswert,
- Lehrgang für Jugendfeuerwehrwarte.

Diese fachlichen Ausbildungen und Lehrgänge sollen gewährleisten, dass Kinder und Jugendliche von angemessenem Fachpersonal betreut und beaufsichtigt werden. Gerade im Hinblick auf die Aufsichtspflicht und mögliche rechtliche Ansprüche ist dies von enormer Wichtigkeit und verständlicher Weise auch ein Muss.

Ein Bonus für alle Juleica-Inhaber sind Vergünstigungen bei über 2.700 verschiedenen Einrichtungen deutschlandweit.

Weitere Informationen, Inhalte und nützliche Informationen rund um die Juleica-Ausbildung findest Du unter www.juleica.de, Stand Juni 2020.

3.1 Rechtliche Absicherung

Um Dich nach allen Seiten hin rechtlich abzusichern, ist es wichtig, dass Du Dir von den Eltern von Anfang an einige Einverständniserklärungen und Bestätigungen einholst, wie zum Beispiel:

- Erlaubnis zu Aufnahmen für Film/Ton/Foto,
- Abklärung über Allergien und chronische Krankheiten der Kinder und Jugendlichen,
- Klärung des Status der Krankenversicherung,
- Mitfahrerlaubnis im Pkw der Ausbilder und anderer volljähriger feuerwehrbezogenen Personen,
- Erlaubnis zur Entfernung vom Veranstaltungsort in Kleingruppen.

Im Anmeldeformular für die Jugendfeuerwehr können bereits einige wichtige allgemeine Punkte geklärt werden. Ein Beispielanmeldeformular kann dem Online-Zusatzmaterial des Roten Heftes entnommen werden.
https://dl.kohlhammer.de/978-3-17-036484-4

Bei Programmpunkten, die den üblichen Rahmen des Jugendfeuerwehrdienstes überschreiten, über einen längeren Zeitraum gehen als normal üblich und die mit möglichen Gefahren verbunden sind (z. B. Schwimmbadbesuch, Klettern, Fahrradtouren, Kanufahrten etc.), ist eine zusätzliche Einverständniserklärung der Eltern notwendig.

Folgende Überlegungen solltest Du dabei beispielsweise vorab klären:

- Wo ist der beste Treffpunkt und wie kommen die Teilnehmer dorthin?
- Können alle schwimmen?
- Hat jemand Höhenangst?
- Leidet jemand unter bestimmten Allergien?
- Muss jemand regelmäßig Medikamente einnehmen?
- Welche Begleitperson kann mich unterstützen?
- Welchen zeitlichen Rahmen setze ich an, damit möglichst alle Gruppenmitglieder dabei sein können?

3.2   Aufsichtspflicht

Wenn Du Dich bereit erklärst, auf Minderjährige zu achten und mit ihnen zu arbeiten, bekommst Du automatisch die Aufgabe übertragen, die Aufsichtspflicht zu erfüllen und einige gesetzliche Richtlinien zu beachten. Im Allgemeinen kommst Du als Ausbilder dann Deiner Aufsichtspflicht nach, wenn Du nach den Umständen des Einzelfalles gebotene Sorgfalt walten lässt. Dazu gehören:

- genaue Planung,
- Beseitigung von physischen Gefahren,
- Belehrungen und Warnungen äußern,
- ständiges Überwachen und Kontrollieren,
- Ermahnungen und Verwarnungen aussprechen (z. B. »Gelbe Karte«, Kapitel 10.2),
- Strafen und Konsequenzen einleiten (z. B. »Rote-Karte«).

Bitte denke daran, dass Unfälle passieren können und es oft nicht möglich ist, Deine Augen immer und überall zu haben. Über Deine Feuerwehr bist sowohl Du als Ausbilder als auch die Kinder und Jugendlichen versichert. Das Wichtigste bei all Deinen Handlungen ist, dass Du nicht grob fahrlässig oder sogar vorsätzlich handelst, denn dann kann Dir eine strafbare Handlung vorgeworfen werden. Hier ist der einzelne konkrete Sachverhalt entscheidend. Bei einer Vernachlässigung Deiner Aufsichtspflicht kannst Du zivilrechtlich haftbar oder strafrechtlich verantwortlich gemacht werden. Der volle Gesetzestext über Deine Aufsichtspflicht ist wie folgt:

§ 832 BGB – Haftung des Aufsichtspflichtigen

(1) Wer kraft Gesetzes zur Führung und Aufsicht über eine Person verpflichtet ist, die wegen Minderjährigkeit oder wegen ihres geistigen und körperlichen Zustands der Beaufsichtigung bedarf, ist zum Ersatz des Schadens verpflichtet, den diese Person einem Dritten widerrechtlich zufügt. Die Ersatzpflicht tritt nicht ein, wenn er seiner Aufsichtspflicht genügt oder wenn der Schaden auch bei gehöriger Aufsichtsführung entstanden sein würde.

(2) Die gleiche Verantwortung trifft denjenigen, welcher die Führung der Aufsicht durch Vertrag übernimmt.

(Juristisches Informationsmaterial dejure, Stand 2020)

Minderjährige verfügen aufgrund ihres Alters noch nicht über die körperliche und geistige Reife, um Gefahren erkennen oder einschätzen zu können. Um die Minderjährigen zu schützen, ist es erforderlich, dass Du als Ausbilder mit Scharfsinn, Lebenserfahrung und entsprechender Ausbildung die Verantwortung für die Schützlinge übernimmst. Die Aufsichtspflicht gebietet, die Kinder und Jugendlichen davor zu bewahren, sich selbst zu gefährden oder sich selbst Schaden zuzufügen (Eigenschaden) sowie andere zu gefährden und anderen Schaden zuzufügen (Personen- und Sachschaden).

3.3   Beginn und Ende der Aufsichtspflicht

Die Aufsichtspflicht beginnt mit dem Kommen des ersten und endet mit dem Gehen des letzten Kindes bzw. Jugendlichen. Deshalb müssen die Eltern über den genauen zeitlichen Rahmen des Jugendfeuerwehrdienstes informiert sein. Für Dich als Ausbilder bedeutet dies:

- Rechtzeitiges Erscheinen zum Jugendfeuerwehrdienst bevor das erste Kind eintrifft.
- Der Ausbilder verlässt den Jugendfeuerwehrdienst erst, wenn das letzte Kind gegangen ist.
- Bei Änderungen der Jugendfeuerwehrdienstzeiten müssen die Eltern rechtzeitig informiert werden.
- Für den Hin- und Rückweg von Zuhause zum Jugendfeuerwehrdienst besteht keine Aufsichtspflicht. Es sei denn, die Kinder und Jugendliche müssen von unterschiedlichen Orten vom Ausbilder mit dem Auto gefahren werden (Kapitel 3.1 Rechtliche Absicherung beachten).
- Einen geeigneten Vertreter finden und mit in die Verantwortung einbeziehen (vier Augen sehen mehr als zwei).

Sei Dir über diese Grundsätze im Klaren und vor allem, dass es nicht nur um den Jugendfeuerwehrdienst an sich geht, sondern dass auch ein »Davor« und ein »Danach« zu Deinen Aufgabengebieten gehören.

3.4 Praktische Überlegungen zur Einhaltung der Aufsichtspflicht

Du als Ausbilder musst Dir bei geplanten Aktivitäten jeglicher Art im Vorfeld Gedanken machen, wie die Herangehensweise und Durchführung sein sollen und was beachtet werden muss. Da bei Dir die gesamte Verantwortung liegt, ist es absolut notwendig, dass Du Dir dessen bewusst bist und Dich dementsprechend für jeden Jugendfeuerwehrdienst und jede geplante Aktivität außerhalb der Feuerwehr vorbereitest. Im Folgenden möchten wir Dir einige Punkte mit auf den Weg geben:

Genaue Planung

Für Dich ist es wichtig, dass Du Dir von Anfang an ausreichend Gedanken machst, wie Du eine geplante Aktivität (Jugendfeuerwehrdienst, Ausflug, Programm etc.) genau organisierst und durchführst. Hier einige Überlegungen:

- **Kinder und Jugendliche:** Wer nimmt an der Veranstaltung teil? Was sind meine Altersgruppen? Gibt es körperliche Einschränkungen oder Schwächen, die zu beachten sind? Sind besonders auffällige oder schwer erziehbare junge Menschen dabei?
- **Örtliche Gegebenheiten:** Sind Gefahrenquellen vorhanden und wenn ja, welche?
- **Programm:** Überfordere ich ein Teammitglied? Kann das Team die geforderte Leistung erbringen? Worauf muss ich im Vorfeld hinweisen?
- **Verantwortungsgefühl, Beobachtungsgabe, Zumutbarkeit:** Überfordere ich mich als Ausbilder oder bin ich der Aufgabe gewachsen? Eine realistische Selbsteinschätzung über die geplante Aktivität ist notwendig, denn wer Aufgaben übernimmt, denen er nicht gewachsen ist, verletzt damit schon die Aufsichtspflicht. Dies gilt auch für die Über-

tragung von Aufgaben an andere – welchem Betreuer kann der Ausbilder welche Aufgaben guten Gewissens übergeben?

Beseitigung von physischen Gefahren

Du hast dafür zu sorgen, dass mögliche physische Gefahrenquellen vor dem Jugendfeuerwehrdienst oder vor der Aktivität beseitigt werden, soweit dies im Bereich des Möglichen ist. Mögliche Gefahrenquellen können herumliegende Scherben sein, die ebenso wie leere Flaschen und Zigarettenstummel einzusammeln sind. Desgleichen sollten gefährliche Gegenstände, wackelige Tische und Stühle oder auch defekte Materialien beseitigt werden. Dir muss immer bewusst sein, welche Altersgruppe Du betreust und dass die Anforderungen in Bezug auf physische Gefahren bei Kindern und Jugendlichen sehr unterschiedlich sind.

Belehrungen und Warnungen

Du hast auf die allgemeinen Unfallverhütungsmaßnahmen sowie auf nicht entfernbare Gefahren aufmerksam zu machen und diese klar und verständlich anzusprechen. Dazu kann auch eine Vorführung oder praktische Anleitung hilfreich sein. Belehrungen und Warnungen solltest Du immer vor der ganzen Gruppe aussprechen. Diese gelten für alle – Du als Ausbilder gehst mit gutem Beispiel voran.

Überwachung und Kontrolle

Du bist verpflichtet zu kontrollieren, ob sich alle an Deine Anweisungen halten und die Aufgaben richtig verstanden haben. Ausgesprochene Warnungen müssen von den Kindern und Jugendlichen befolgt und dies von Dir überwacht werden. Die Gefahr eines möglichen Unfalls besteht immer und dadurch verletzt Du Deine Aufsichtspflicht schneller als gedacht.

Verwarnung und Ermahnung

An dieser Stelle kann das in Kapitel 10.2 vorgestellte »Gelb-Rote-Kartenprinzip« angewendet werden. Stellst Du fest, dass Belehrungen und Warnungen aus Desinteresse, Leichtsinnigkeit oder einfach absichtlich nicht eingehalten werden, dann sind klare Worte notwendig und Du kannst eine Gelbe Karte als Verwarnung verteilen. In der Verwarnung sind den jungen Leuten nochmals die möglichen Gefahren und Folgen aufzuzeigen. Viele Kinder und Jugendliche sind sich in solchen Momenten gar nicht bewusst, was passieren kann, und dass sie sich oder die ganze Gruppe in Gefahr bringen. Deshalb ist ein klärendes Gespräch hilfreicher und auch pädagogisch sinnvoller, als gleich mit endgültigen Konsequenzen zu reagieren. Es kommt jedoch immer auf die jeweilige Situation an, die dementsprechend von Dir analysiert werden muss.

Strafen und deren Konsequenzen

Leider kommt es immer wieder vor, dass eine Verwarnung und eine weitere Belehrung nicht fruchten oder eine weitere Ansprache sinnlos ist und zu nichts führen würde. Wenn eine Unzulänglichkeit, Uneinsichtigkeit oder sogar ein böser Wille vorhanden ist, bleibt nur noch das Verbot bis hin zum möglichen Ausschluss übrig (Rote Karte):

- Auszeit für eine Aktion/Jugendfeuerwehrdienst oder eine bestimmte Zeit,

- Information an die Eltern über die Vorfälle und deren Konsequenzen,
- Abholung durch die Eltern oder Begleitung.

Über die Dauer des Ausschlusses wird das Ausbilderteam entscheiden und das Kind bzw. den Jugendlichen und die Eltern darüber informieren. Wichtig ist, dass sich das Ausbilderteam einig ist und alle hinter dieser Entscheidung stehen. Generell ist zu den Überlegungen in Bezug auf die Aufsichtspflicht zu sagen: Mit einem gesunden Menschenverstand und einem guten Verantwortungsbewusstsein wirst Du stets intuitiv richtig entscheiden und nach den oben aufgezeigten Punkten verantwortungsvoll handeln und reagieren.

3.5 Umgang mit Alkohol, Drogen und Sexualdelikten

Als Ausbilder wirst Du sicherlich auch mit der Problematik von Alkohol und Drogen konfrontiert werden. Dies sind weitere Einflüsse, welche zu Spannungen zwischen den Jugendlichen und dem Ausbilder führen können. Besonders heikel sind Situationen, in denen Alkohol oder Drogen während feuerwehrbezogenen Aktivitäten konsumiert werden. In diesen Fällen ist es ganz wichtig, dass alle Ausbilder konform mit dem Jugendschutzgesetz verfahren. Einzelne Ausbilder dürfen dabei keine Ausnahmen machen. Gesetzliche Altersgrenzen sind strikt einzuhalten:

Jugendschutz:
Wir halten uns daran

	Unter 16 Jahren	Ab 16 Jahren, unter 18 Jahren
Tabak	Kein Verkauf, kein Konsum	Kein Verkauf, kein Konsum
Bier, Wein etc.	Kein Verkauf, kein Konsum	Verkauf und Konsum erlaubt
Spirituosen, Alkopops	Kein Verkauf, kein Konsum	Kein Verkauf, kein Konsum
Filme und Computerspiele	Nur nach Alters-kennzeichnung	Nur nach Alters-kennzeichnung
Aufenthalt in Diskotheken	Nur in Begleitung Erziehungsbeauf-tragter	Bis 24 Uhr erlaubt
Aufenthalt in Gaststätten	Nur in Begleitung Erziehungsbeauf-tragter (Ausnahme: zwischen 5 und 23 Uhr darf eine Mahlzeit oder ein Getränk konsumiert werden)	Bis 24 Uhr erlaubt

Bild 10: *Jugendschutz: Wir halten uns daran*

Die Vorgehensweise bei Alkoholdelikten in der Jugendfeuerwehr:

- **unter 16 Jahren**: Sollte es zu Alkoholkonsum bei unter 16-jährigen kommen, sind in jedem Fall sofort die Eltern zu verständigen, um die Abholung der Kinder unverzüglich zu veranlassen! Ein ausführliches Gespräch mit den Eltern, dem Jugendlichen und dem Ausbilder sollte so schnell wie möglich angesetzt werden.
- **über 16 Jahren**: Hier ist »gesunder Menschenverstand« gefragt. Bier und Wein sind zwar laut Gesetz erlaubt, jedoch sollte in der Jugendfeuerwehr generell ein absolutes Alkoholverbot bestehen – sowohl für die Jugendlichen als auch für die Ausbilder, die hier eine Vorbildfunktion haben. Sollte es doch zu einem Vorfall kommen, sind ebenfalls die Eltern zu informieren und ein gemeinsames Gespräch anzusetzen.

Kommt es zu Drogendelikten oder wird jemand beim Rauchen erwischt, sind in jedem Fall die Eltern sofort zu verständigen, der Jugendliche unverzüglich abzuholen und ein darauffolgendes Gespräch zu veranlassen. Hier gibt es keine Altersunterschiede.

Achtung:

Der Ausbilder muss sich strikt an das Jugendschutzgesetz halten, da sich dieser bei einer Nichtbeachtung strafbar macht – »Spielräume« gibt es keine!

Bei dem sehr heiklen Thema Sexualdelikte sind die meisten Ausbilder – verständlicherweise – oft überfordert. In solchen Fällen ist es zu empfehlen, sich immer sofort professionelle Beratung von außen zu holen. Beratungsstellen gibt es meist in den örtlichen Gemeinden. Informationen lassen sich auch online recherchieren. Sinnvolle Informationen, Tipps, und weiterführende Webseiten für Hilfe und Beratung in Bezug auf sexuelle Übergriffe bietet die Homepage: www.familienhandbuch.de (Stand April 2020). Der vollständige Link kann dem Literatur- und Quellenverzeichnis entnommen werden.

3.6   Selbstkontrolle

1. Vor was sollen Kinder und Jugendliche bewahrt werden?
   a) Sich selbst zu gefährden oder sich selbst Schaden zuzufügen.
   b) Während des Jugendfeuerwehrdienstes nicht zu viel beschimpft zu werden.
   c) Im Jugendfeuerwehrdienst nicht alles falsch zu machen.
2. Wann beginnt und endet die Aufsichtspflicht?
   a) Beginnt mit dem Grüßen und endet mit einem »Tschüss«.
   b) Beginnt mit dem ersten Jugendfeuerwehrdienst und endet nach dem letzten Jugendfeuerwehrdienst.
   c) Beginnt mit dem Kommen des ersten Kindes und endet mit dem Gehen des letzten Kindes.

3. Welche Anforderungen gibt es bundesweit für Ausbilder in der Jugendfeuerwehr?

   a) Die Absolvierung der Jugendgruppenleiter-Karte bzw. -Ausbildung.

   b) Die Erreichung des 21. Lebensjahres.

   c) Die Absolvierung von mindestens neun Schuljahren.

4 Jugendfeuerwehrdienste für alle

Die Feuerwehr ist aus unserem heutigen Leben nicht mehr wegzudenken und ist eine der wichtigsten Institutionen in unserer Gesellschaft. Daher ist es auch unentbehrlich, dass die Feuerwehr, insbesondere die Jugendfeuerwehr, als Nachwuchsgewinnung für jedermann zugänglich ist. Die Feuerwehr sollte für alle offen sein, auch wenn nicht jeder für die Feuerwehr geschaffen ist.

Ohne den Nachwuchsbereich hätte eine »ausgewachsene« Feuerwehrmannschaft im freiwilligen Bereich oft geringere Mitgliederzahlen. Feuerwehr soll nicht nur Spaß und Ablenkung bringen, sondern auch lehrreich für das Leben sein. Aus diesem Grund muss auf die Ausbildung besonderer Wert gelegt werden, zumal man in der Jugendfeuerwehr oft mehrere Jahre zur Verfügung hat, um die Kinder und Jugendlichen anzutrainieren. Allen in der Jugendfeuerwehr muss bewusst gemacht werden, dass es auch hier ohne ein Geben und Nehmen, ohne Rechte und Pflichten nicht funktioniert.

4.1 Vergleich Fußball – Feuerwehr

Oft leiden nicht nur Jugendfeuerwehren, sondern auch aktive Wehren darunter, dass die Jugendfeuerwehrdienste nicht ernst genug genommen und je nach Lust und Laune besucht werden. Doch wie kann man sowohl Kindern, Jugendlichen als auch Erwachsenen klar machen, wie wichtig eine gute und kontinuierliche Ausbildung ist?

Bild 11: *Vergleich Fußball – Feuerwehr*

Der Grundgedanke für die Überlegung, Fußball und Feuerwehr zu vergleichen, kommt beim genaueren Betrachten der beiden Gruppen im Aufbau, dem Training und dem Einsatz. Die großen Fragen, welche Du für Dich selbst beantworten solltest:

Funktioniert eine Fußballmannschaft mit seinen Spielern und dem Trainer nicht ähnlich wie eine Feuerwehreinheit mit ihrem Leiter?

Nehmen wir etwa die Teambesprechung vor dem Spiel und das Antreten der Feuerwehrangehörigen vor dem Einsatzbefehl. Die Gruppe kommt zusammen und der Kapitän sagt ein paar Sätze. Es wird eine kurze Lageeinschätzung gegeben, um alle auf den gleichen Informationsstand zu bringen und die Befehle für den (Spiel-)Einsatz zu geben. Dann geht es los…

Wie oft muss die Fußballmannschaft üben, damit die einzelnen Spieler zum Einsatz dürfen und wie oft muss die Feuerwehrmannschaft üben, wenn die einzelnen Mitglieder in den Einsatz müssen?

Jede Fußballmannschaft trainiert regelmäßig ein- bis mehrmals pro Woche, selbst die kleinsten Vereine. Bei Turnieren und Spielen darf nur derjenige aufs Feld, der fit und trainiert ist, regelmäßig seine Ausbildungseinheiten gemacht hat und im Vorfeld bewiesen hat, dass er spiel- und einsatztauglich ist!

Wie ist dies bei der Feuerwehr? Gehen die einzelnen Feuerwehrangehörigen regelmäßig zu ihren Ausbildungseinheiten und absolvieren ihre Ausbildungen so wie das Gesetz es vorschreibt? Oder werden im Ernstfall alle eingesetzt, die verfügbar sind, unabhängig davon, ob sie fit und trainiert genug sind, mit der bevorstehenden Aufgabe fertig zu werden? Was sind die Grundbedingungen, damit Spieler bei einem Fußballspiel eingesetzt werden und unter welchen Voraussetzungen werden Angehörige der Feuerwehr zum Einsatz geschickt?

Welcher Einsatz birgt ein größeres Risiko und wie kann dieses verringert werden?

Das ständig wachsende Einsatzspektrum der Feuerwehrangehörigen, die immer neueren Technologien und die steigenden Neuerungen an Gerätschaften stellen eine große Herausforderung an unsere Feuerwehrmannschaft dar. Einheitliche Taktik, schnelles Handeln und das gemeinsame Ziel müssen kontinuierlich geübt und trainiert werden – nur so kann das Risiko, zu versagen und somit verheerende Folgen zu haben, verringert werden!

Fehlendes Fußballtraining erhöht allein das Risiko, nicht genügend Tore zu schießen und somit ein Spiel zu verlieren. Wie hoch ist hingegen das Risiko, dass Feuerwehrangehörige im Einsatz verletzt oder gar getötet werden? Hat man im Gegenzug dazu jemals gehört, dass ein Fußballspieler auf dem Feld gestorben ist?

Ist uns ein freier Abend ohne Ausbildungseinheit wirklich wert, womöglich im Ernstfall das Leben zu verlieren?

Der Slogan »Gewinnen/Verlieren vs. Leben/Tod« gibt einen ersten Einblick, was der Vergleich Fußball/Feuerwehr eigentlich aussagen soll.

Dieses Kapitel soll Dich als Ausbilder zum Nachdenken anregen und es soll Dir eine Überlegung wert sein, dieses Thema kind- und jugendgerecht aufzubereiten und mit der Mannschaft darüber zu sprechen.

4.2 Einheitliche und strukturierte Ausbildung

Einheitliche Gesamtausbildung

Grundvoraussetzung, um eine gut funktionierende Ausbildung in der Jugendfeuerwehr zu garantieren und auch allen zu ermöglichen, ist eine einheitliche Gesamtausbildung mit klaren Strukturen. Unklare Anweisungen, unspezifische Richtlinien und konzeptlose Ausbildungsdienste sind der »Tod«

jeder Ausbildung und in Folge auch jeder Jugendfeuerwehr. Kinder und Jugendliche benötigen klare Ansagen und nichts bringt mehr Unruhe und Chaos in einen Jugendfeuerwehrdienst, als wenn keiner weiß, was zu tun ist und jeder macht, was er will. Dies wiederum demotiviert, wodurch der Ausstieg aus der Jugendfeuerwehr eine unmittelbare Folge wäre.

Systematische Planung

Du als Ausbilder musst Dir und Deiner Mannschaft klare Ziele setzen. Ebenfalls musst Du wissen, wer wann welchen Dienst gemacht und wer welches Wissen hat, noch benötigt oder Nachholbedarf hat. Dabei musst Du unterschiedliche Wissensstände innerhalb der Gruppe auf einen Nenner bringen und die Reihenfolge der Ausbildungsinhalte Woche für Woche strukturieren. Dies schaffst Du nur durch eine systematische Planung der Jugendfeuerwehrdienste mit definierten Inhalten und mit Hilfe einer klaren Dokumentation. Hierbei können Dich softwaretechnische Programme unterstützen, denn niemand kann alle Termine, Daten und Fakten im Kopf behalten. Für Jugendfeuerwehren bietet die Ausbildungsplattform »FireCircle« kostenlose Unterstützung in genau diesen Bereichen an. Der Trick ist zu wissen, was Dich dabei in welcher Weise unkompliziert und jederzeit unterstützen kann.

Im Zusatzmaterial des Roten Heftes ist ein Beispiel angegeben, wie ein Dienst hinsichtlich Zeiteinteilung, Ablauf, benötigter Materialien und eingesetzter Teammitglieder sinnvoll gestaltet werden kann. Gerade einem Ausbilder mit weniger Erfahrung könnte so eine strukturierte Zusammenstellung den Jugendfeuerwehralltag erleichtern.

Ein Beispiel für eine systematisch geplante Übung mit Lernziel, Aufgabe, Beurteilung und Nachbesprechung kann dem Zusatzmaterial dieses Roten Heftes entnommen werden.
https://dl.kohlhammer.de/978-3-17-036484-4

Regelmäßige Wiederholungen

Um einen nachhaltigen Jugendfeuerwehrdienst gewährleisten zu können, musst Du regelmäßige Wiederholungen ansetzen. Dies kannst Du mit Hilfe eines durchdachten Dienstplanes und einem organisierten Wiederholzyklus strukturiert umsetzen. Die Abstände dieser Wiederholzyklen bleiben jeder Wehr selbst überlassen, doch auf Abwechslung musst Du als Ausbilder besonders achten. Es kann sich sehr demotivierend auf die Kinder und Jugendlichen auswirken, wenn jedes Jahr die gleichen Themen auf dem Dienstplan stehen – gerade im Hinblick auf die Fülle an Themen ist dies sicherlich nicht notwendig.

Interne Absprache

Eine interne Absprache mit der aktiven Wehr ist eine Möglichkeit, um die Kinder und Jugendlichen gezielt, gründlich und mit Motivation auf die »Erwachsenen-Wehr« vorzubereiten. Gleichzeitig ist es aber auch notwendig, dass die aktive Wehr darauf achtet, was und vor allem wie in der Jugendfeuerwehr ausgebildet und trainiert wird. Ein gegenseitiger Lerneffekt kommt dadurch zustande, indem gegenseitiges Verständnis gefördert wird und der Übertritt zur aktiven Wehr ein Meilen- jedoch kein Stolperstein ist.

Trotzdem muss an dieser Stelle gesagt werden, dass es auch weiterhin unerlässlich ist, die Ausbildung in der aktiven Wehr mit Struktur und vor allem einheitlicher Gestaltung weiterzuführen. Die Gefahr, dass die jungen Erwachsenen nach einigen Monaten in der aktiven Wehr aufgrund fehlender Organisation und Motivation wieder austreten, ist sehr groß und gleichzeitig sehr schade – die jahrelange Jugendarbeit wäre umsonst gewesen, benötigen wir doch alle eine stets wachsende und gut ausgebildete aktive Feuerwehr.

4.3   Altersgerechte Inhalte

Wie bereits angesprochen, ist der körperliche und geistige Unterschied zwischen Kindern und Jugendlichen verschiedener Altersstufen viel größer als bei Erwachsenen. Aus diesem Grund ist es für Dich als Ausbilder wichtig, Dir der unterschiedlichen Altersstruktur Deiner Mannschaft bewusst zu werden und Dich damit auseinanderzusetzen. Teile Deine Mannschaft in verschiedene, jedoch altershomogene Zielgruppen ein und baue auf diese Aufteilung Deine Jugendfeuerwehrdienste auf. Diese solltest Du so gestalten, dass alle Gruppenmitglieder integriert werden.

→   »Alten Hasen« sollen die Ausbildungen nicht zu langweilig werden, die »Jungspritzer« dürfen sich aber auch nicht überfordert fühlen.

Sicherlich gibt es Dienste, die alle gemeinsam durchführen können, bei anderen Gelegenheiten wird es wahrscheinlich sinnvoller sein, die Gruppe nach Alter einzuteilen. Manchmal ist es jedoch auch notwendig, die unterschiedlichen Kompetenzen und Fertigkeiten zu berücksichtigen. Nicht alle neu eingetretenen Kinder und Jugendliche können die Inhalte der Dienste genauso gut wie ein eventuell schon länger anwesendes Gruppenmitglied. Auch solltest Du darauf achten, was Deine Mannschaft interessiert, für welche Themen sie »brennen« und was in der Beliebtheitsskala nicht gerade ganz oben steht, obwohl es sich um wichtige Inhalte innerhalb der Feuerwehrausbildung handelt.

Deine große Herausforderung ist es, bei allen Gruppenmitgliedern die Motivation, das Interesse und die Freude konstant aufrecht zu halten und dabei zielgruppenorientiert auszubilden. Das größte Ziel ist es, die Kinder und Jugendlichen letztendlich bis zum Übergang in die aktive Wehr zu begleiten, sie zu fördern und bis dahin zu unterstützen. Nachfolgend eine Empfehlung für eine erfolgreiche Umsetzung von Ausbildungsinhalten.

4.4 Kompetenzorientierte Ausbildung

Ein Weg, um die Mannschaft der Jugendfeuerwehr über lange Zeit bei der Stange zu halten, ist das kompetenzorientierte Ausbilden. Unter kompetenzorientiertem Ausbilden und Lernen versteht man ein handlungsorientiertes Lern- und Lehrprinzip. Besonders steht hier der individuelle Lernprozess im Vordergrund, denn jeder Mensch lernt individuell, bezogen auf sein Tempo und seine Schwerpunkte. Das bedeutet, dass das Ausbildungskonzept so gestaltet wird, dass die Kinder und Jugendlichen aktiv am Jugendfeuerwehrdienst mitmachen, individuell gefördert und nicht nur vom Ausbilder mit Informationen »berieselt« werden. Das berühmte »learning by doing« wird ein- und umgesetzt.

Kompetenz: Was ist das eigentlich?

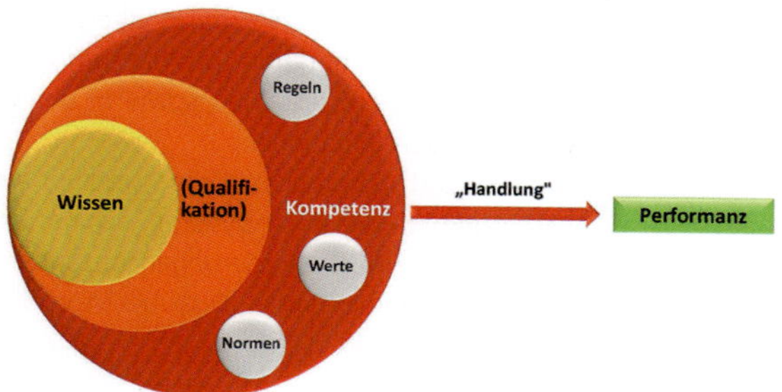

Bild 12: *Das Kompetenzmodell (nach Erpenbeck/Sauter, 2013)*

Besondere Merkmale für kompetenzorientiertes Lernen sind:

- Jugendfeuerwehrdienste mit Hilfe von realistischen und handlungsorientierten Situationen gestalten:
  - → Technische Hilfeleistung an einem echten Auto.
- Erzielen von nachhaltigen Lernerfolgen:
  - → Wissen anwendbar auch außerhalb der Feuerwehr.

- Nutzung moderner, technologiegestützter Ausbildungsmethoden:
    → E-Learning/Videos von z. B. YouTube.
- Reflektieren und Wiedergeben von persönlichen Erfahrungen in konkreten Situationen:
    → Erfahrungen außerhalb der Feuerwehr mit z. B. Brand/Sturm/Unfall etc.
- Kompetenzvermittlung zum Handeln für neue Aufgaben/Problemstellungen sowie in unterschiedlich komplexen Situationen:
    → Theoretisches Wissen praktisch anwenden.
- Lösungsstrategien analysieren, bewerten und für zukünftige Herausforderungen verfügbar machen:
    → Gemeinsames Diskutieren und Lösungen finden.

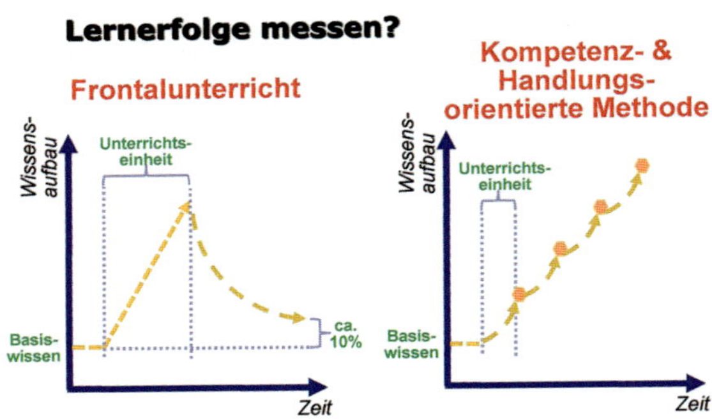

Bild 13: *Lernerfolge messen – Frontalunterricht vs. kompetenzorientierte Ausbildung*

Um die kompetenzorientierte Ausbildung zu vertiefen und nachhaltig zu fördern, ist E-Learning eine interessante und kurzweilige Methode.

Unter dem Link www.fire-circle.de/jugendquiz (Stand Juni 2020) findest Du ein Beispiel für E-Learning. Hier kannst Du herausfinden, ob Dir das Lernen aus einem Buch oder auf dem Handy/Laptop mehr Spaß macht und wo mehr Wissen bei Dir hängenbleibt. Bitte teile uns Deine Erfahrungen unter fire@fire-circle.de mit, damit wir für Dich und andere noch besser werden.

Ziel der kompetenzorientierten Ausbildung ist es, den Kindern und Jugendlichen durch individuelles Handeln und Training Wissen zu vermitteln, welches sie in verschiedenen, auch neuen Situationen abrufen können. Dadurch festigen sie ihre Handlungskompetenzen nachhaltig. Dies steigert das Selbstbewusstsein des Einzelnen und fördert die Motivation für den Einsatz im Feuerwehrdienst.

Genau dies ist der große Unterschied zum klassischen Frontalunterricht, wie ihn vor allem die Erwachsenen noch aus der Schule kennen: Der Lehrstoff wird den Schülern hierbei passiv vorgetragen, ohne dass die Schüler das Gehörte aktiv reflektieren oder praktisch anwenden. Erst zu Hause setzen sich die Kinder und Jugendlichen mit der vergangenen Unterrichtseinheit auseinander, jedoch ohne Unterstützungsmöglichkeiten bei Unklarheiten und Fragen. Aufgrund der daraus resultierenden Unsicherheit wird der Lernstoff nicht verinnerlicht und zum Großteil wieder vergessen. Je nach Vortragendem wird in jeder neuen Unterrichtseinheit der alte Stoff entweder wiederholt oder nur auf das Alte aufgebaut. Aus diesem Grund legen die Autoren die kompetenzorientierte

Ausbildung jedem Ausbilder sehr ans Herz – wir alle wollen und brauchen nachhaltig kompetente und motivierte »Jungfeuerwehrler«.

4.5   Selbstkontrolle

1. Warum ist es sinnvoll, Fußball und Feuerwehr zu vergleichen?
   a) Jede Gruppe hat seine eigene Fangemeinde.
   b) Der Aufbau, das Training und der Einsatz sind gut vergleichbar.
   c) In beiden Gruppen wird ein Sieg gefeiert.
2. Was versteht man unter kompetenzorientierter Ausbildung?
   a) Handlungsorientiertes Lern- und Lehrprinzip auf individuellem Niveau.
   b) Privater Trainer für jedes Kind.
   c) Nur wer bestimmte Kompetenzen besitzt, kann zur Feuerwehr.
3. Was ist bei einer altersgerechten Gruppenbildung zu beachten?
   a) Dass sich die Gruppe gut versteht.
   b) Dass Jungen und Mädchen getrennt werden.
   c) Dass auf Kompetenzen und Fertigkeiten des Einzelnen geachtet wird.

5 Nachhaltige und effektive Wissensvermittlung

Jeder Mensch lernt auf unterschiedliche Art und Weise. Wenn Kinder und Jugendliche schneller oder langsamer lernen, hat das oft nichts mit Intelligenz zu tun, sondern mit unterschiedlichen Lerntypen. Beim Lernen benutzt der Mensch verschiedene Sinne: Sehen, Hören, Riechen, Fühlen, Schmecken. Das aufzunehmende Wissen dringt dabei auf allen möglichen Wegen in das Gehirn. Ziel ist es, möglichst alle fünf Sinne einzusetzen.

Bild 14: *Möglichst alle 5-Sinne eines Menschen aktivieren*

Du als Ausbilder musst versuchen, die unterschiedlichen Lerntypen zu berücksichtigen und gezielt anzusprechen, denn nicht immer haben alle Gruppenmitglieder das Wissen des letzten Jugendfeuerwehrdienstes gleich gut verstanden und verinnerlicht – abhängig von Lerntyp und Wissensvermittlung. Durch gezielte Berücksichtigung der Bedürfnisse des Einzelnen steigt die Wahrscheinlichkeit, dass der zu vermittelnde Lernstoff angenommen wird und sich festigt.

5.1 Die vier Lerntypen

Wer einmal weiß, zu welchem Lerntyp er gehört, kann seine Techniken darauf einstellen. Das erleichtert das Leben und das Lernen! Nachfolgend werden die vier Lerntypen vorgestellt und beschrieben (Falk-Frühbrodt, 2016):

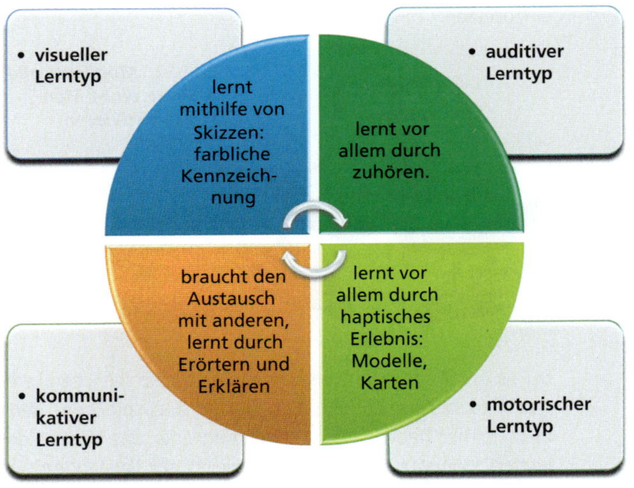

Bild 15: *Die 4 Lerntypen*

Der auditive Lerntyp

Der auditive Lerntyp kann gehörte Informationen gut aufnehmen, leicht speichern und auch wiedergeben. Er kann den mündlichen Aussagen folgen und diese verarbeiten, wobei er am besten durch Vorträge, Gespräche und Tonträger lernt.

Dieser Lerntyp zieht es vor, wenn der Lernstoff laut vorgelesen wird. Oft führt er beim Lernen auch Selbstgespräche und kann dadurch sehr gut auswendig lernen. Der auditive Lerntyp lässt sich durch Nebengeräusche sehr leicht ablenken und benötigt zum Lernen eine ruhige Umgebung ohne Musik oder andere Hintergrundablenkungen.

→   Lernen durch Hören

Der visuelle Lerntyp

Der visuelle Lerntyp kann sich gut einprägen, was er gesehen hat. Er lernt am besten durch Lesen und Beobachten. Er muss den Lernstoff gesehen haben, daher schreibt er beim Lernen gerne mit und erinnert sich besonders gut an das, was er selbst geschrieben, gelesen und gesehen hat. Um effektiv zu lernen, benutzt er gerne Bilder, Grafiken und Illustrationen.

Besonders gute Lernmethoden für den visuellen Lerntyp sind: Skizzen machen, während des Unterrichts mitschreiben, Bilder malen, Benutzen farbiger Stifte und Marker sowie die Verwendung von Karteikartensystemen.

→   Lernen durch Sehen

Der kommunikative Lerntyp

Dieser Lerntyp lernt am besten durch Gespräche, Austausch und Diskussionen. Er spricht sehr gerne mit anderen über den Lernstoff und benötigt daher den sprachlichen Austausch, um etwas besser zu verstehen. Die Auseinandersetzung mit dem Inhalt ist für ihn besonders wichtig, um das Gehörte zu begreifen und zu verinnerlichen.

Diesen Lerntyp sollte man erklären lassen (Referat oder Vortrag) und ihm die Möglichkeit geben, über den Lernstoff zu sprechen. Ebenfalls lernt er sehr effektiv in Lerngruppen.

→ Lernen durch Sprechen

Der motorisch/haptische Lerntyp

Dieser Lerntyp erinnert sich besonders gut an Informationen, die er durch eigene Erfahrung und eigene Handlungen aufgenommen hat. Der beste Weg für ihn ist »learning by doing«, sprich »Lernen durch eigenes Tun«. Haptische Lerntypen lernen am erfolgreichsten, wenn sie aktiv werden, z. B. durch Rollenspiele, Experimente oder Gruppenarbeit. Für diesen Lerntyp ist es wichtig, sich schnell auszuprobieren und »Hand anlegen« zu dürfen.

→ Lernen durch Tun

Soweit die Theorie über die vier verschiedenen Lerntypen, doch in der Praxis treten diese selten isoliert auf. Schubladendenken ist hier fehl am Platz, da es immer eine Vielzahl von Verknüpfungen der grundlegenden Lerntypen gibt. Eine Mischform tritt in der Realität am häufigsten auf und auch hier gilt wieder: Patentrezepte gibt es nicht. Für Dich als Ausbilder ist es jedoch wichtig zu wissen, auf was welcher Lerntyp grundsätzlich anspringt, wie Du mit Deinen Kindern und Jugendlichen in der Gruppe am besten umgehst und welche Lehrmethode Du anwendest, um den maximalen Lerneffekt zu erreichen.

5.2 Wissensvermittlung mit allen Sinnen

Eine ganz besondere Lernmethode ist das Lernen mit allen Sinnen, denn genaugenommen sind die meisten Menschen Mischtypen. Jeder hat einen Anteil von verschiedenen Lerntypen in sich. Je mehr Sinne beim Lernen angesprochen werden, desto mehr Lernstoff bleibt beim Lernenden hängen – denn durch das Lernen mit unterschiedlichen Sinnen stellt das Gehirn mehr gedankliche Verknüpfungen zum Lernstoff her:

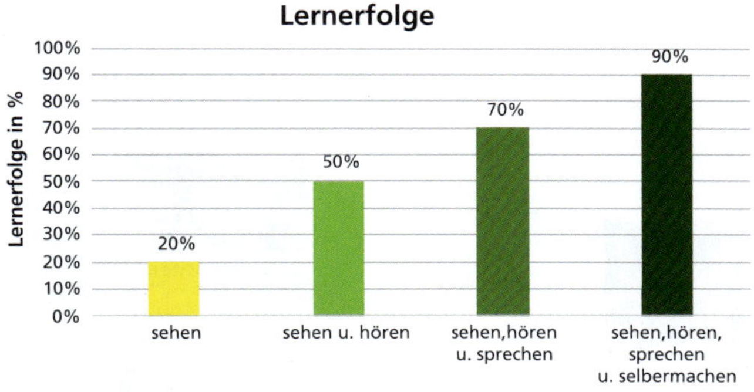

Bild 16: *Lernerfolge*

- sehen:
  20 – 30 %
- sehen und hören:
  50 %
- sehen, hören und sprechen:
  70 %
- sehen, hören, sprechen und selber machen:
  80 – 90 %

5.3   Die 4-Stufen-Methode

Zur Vermittlung umfangreicher, noch nicht gelernter Tätigkeiten ist es sinnvoll, eine methodische Unterweisung zu verwenden. Es empfiehlt sich hier die 4-Stufen-Methode.

Bild 17: *Die 4-Stufen-Methode*

Diese Lernmethode wurde in den USA entwickelt und hat in Deutschland rasch Verbreitung gefunden. Die 4-Stufen-Methode eignet sich besonders gut, um motorische und manuelle Fertigkeiten sowie praktische Tätigkeiten zu erlernen. Dabei ist es wichtig, in jeder Stufe jeden Arbeitsschritt laut mitzusprechen, um möglichst alle fünf Sinne einzubeziehen. Im Grunde geht es darum, das Kind und den Jugendlichen so intensiv und effektiv wie möglich die praktischen Fähigkeiten zu vermitteln, nachfolgend erklärt am Beispiel »Schlauch auslegen«.

1. Stufe: Vorbereiten und Erklären

Der Ausbilder bereitet im Gespräch die Gruppemitglieder auf die Ausübung des Schlauchauslegens vor und erklärt dies. Dabei stellt er dessen Bedeutung (verfügbares Wasser am Einsatzort) vor und veranschaulicht die Lernziele (schnell, gerade und knickfrei auslegen). Gleichzeitig werden die zur Ausführung benötigten Materialien wie Werkzeuge und andere Arbeitsmittel (Schlauch) vorgestellt und erklärt. Der Ausbilder gibt dabei immer Hinweise auf Vorschriften und weist auf Sicherheitsbestimmungen, Hygiene, Gesetze und mögliche Gefahren hin.

Bild 18: *Vorstellen eines Schlauches und dessen Funktion (Stufe 1: Vorbereiten und Erklären)*

2. Stufe: Vormachen und Erklären

Der Ausbilder zeigt der Gruppe detailliert, wie man den Schlauch richtig ausrollt und hinlegt. Dabei erklärt er das WAS, WIE und WARUM. Gegebenenfalls wiederholt er die Schritte und hebt Kernpunkte hervor. Danach führt er nochmal den gesamten Arbeitsvorgang durch und ermutigt alle Jugendlichen zum Nachmachen.

Bild 19: *Ausrollen des Schlauches und Erklärung (Stufe 2: Vormachen und Erklären)*

3. Stufe: Nachmachen und erklären lassen

Die Kinder bzw. Jugendlichen rollen nun unter Anleitung den Schlauch aus, gleichzeitig müssen sie jeden Arbeitsschritt laut vorsagen. Dabei sollen sie das WAS, WIE und WARUM selbst erklären. Fortschritte und Erfolge werden vom Ausbilder gelobt und Fehler sofort korrigiert, damit sich diese nicht in den Köpfen festsetzen.

Bild 20: *Nachmachen des Schlauchausrollens (Stufe 3: Nachmachen und erklären lassen)*

4. Stufe: Festigung durch Übung

Bis zur Festigung des richtigen Schlauchauslegens kontrolliert der Ausbilder das Tun und lobt bei korrekter Ausführung. Nun gilt es, die Tätigkeit durch Üben zu verinnerlichen. Ein anschließend vorbereitetes Übungsszenario soll die Umsetzung unter stetig steigendem Stress simulieren sowie die Motivation für die praktische Anwendung der Tätigkeit steigern.

Das 4-Stufen-Modell handelt ganz nach dem Prinzip von Konfuzius:

»Erzähle mir und ich vergesse.
Zeige mir und ich erinnere mich.
Lass es mich tun und ich verstehe es.«

Bild 21: *Üben des Schlauchausrollens (Stufe 4: Festigung durch Üben)*

5.4 Selbstkontrolle

1. Mit welchen Sinnen lernt der Mensch?
   a) Geruchssinn, Tastsinn, Sehsinn, Geschmackssinn, Hörsinn.
   b) Sehsinn, Geschmackssinn, Hörsinn.
   c) Hörsinn, Sehsinn, Tastsinn.
2. Wie heißen die vier Lerntypen?
   a) auditiv, visuell, kommunikativ, motorisch.
   b) Audio, visuell, kommunikativ, Motorrad.
   c) auditiv, Visionär, kommunikativ, haptisch.
3. Was bedeutet »Lernen mit der 4-Stufen-Methode«?
   a) Je höher eine Treppe ist, desto besser kann man sich etwas merken.
   b) Stufenweises Lernen von motorischen, manuellen und praktischen Tätigkeiten.
   c) Lernen unter Einbezug der vier Lerntypen.

6 Kommunikation

Gespräche mit jungen Leuten basieren auf den gleichen Grundannahmen wie sie für die Kommunikation zwischen Erwachsenen gelten. Dennoch gibt es einige Besonderheiten, die für das kommunikative Verhalten von Kindern und Jugendlichen kennzeichnend sind und deren Kenntnis zum Gelingen eines guten Gesprächs beitragen kann.

Bild 22: *Kommunikation – »Machtgefälle«; Erwachsener mit Megaphone*

6.1 Gesprächsführung mit Kindern und Jugendlichen

Bei Gesprächen zwischen einem Kind bzw. einem Jugendlichen und einem Erwachsenen besteht von vornherein ein Machtgefälle, welches die Kommunikation beeinflusst. Besonders in jungen Jahren, aber auch in der Pubertät, ist ein Kind sehr empfänglich für Suggestivfragen (als Fragen »verkleidete« Feststellungen oder Behauptungen, z. B. »Du denkst doch auch, dass der Vorschlag von Max deutlich besser ist als der von Tanja, oder?«). Diese sollten unbedingt vermieden

Bild 23: *»Auf Augenhöhe«*

werden, da vorgefasste Antworten quasi schon mitgeliefert werden und dementsprechend beeinflussen können.

Entwickeln sich Kinder zu Jugendlichen, ändert sich viel, u. a. auch ihr (Sprach-) Verhalten. Um ein gutes Gespräch führen zu können, sollte man sich einige Besonderheiten bewusst machen:

Während der Jugendzeit/Pubertät beginnt das Gehirn sich vollständig umzustrukturieren. Die Denk- und Sprachkapazität erhöht sich auf ein Vielfaches. Gepaart mit hormonellen Schüben entstehen neue lebensmotivierende Kräfte, welche die bis dahin kindlichen Menschen vollkommen irritieren und desorientieren – ein häufiger und schneller Wechsel der Befindlichkeiten und Emotionen ist die Folge. Das sozial erwünschte Verhalten gegenüber Erwachsenen nimmt ab, das zu Gleichaltrigen zu. Es ist eine Phase der hohen Gefahr für Beeinflussungen aller Art, aber auch für Depressionen.

Du musst Dir verinnerlichen, dass die Verantwortung für ein Gespräch immer beim Erwachsenen liegt, auch wenn das Machtgefälle geringer ist. Du bist es, der durch eine gute Vorbereitung und Gesprächsführung die Qualität bestimmt.

Bei Gesprächen mit Kindern und Jugendlichen gilt: So viel Verantwortung wie möglich abgeben und so wenig wie möglich Macht beanspruchen.

Trotz aller Kenntnisse über Kommunikation, Entwicklungsverläufe und Sprachverhalten im Allgemeinen, ist die eigene Grundhaltung die wichtigste Basis für ein gutes Gespräch: Respekt vor der Würde des Kindes bzw. des Jugendlichen!

6.2   Kommunikation kann funktionieren

Jugendliche entwickeln oft ihre eigene Sprache, die wir manchmal nicht verstehen können. Sätze wie »Hey Alter!« oder Ansprachen wie »Du Opfer« sind heutzutage normal geworden. Auch die Fähigkeit in ganzen Sätzen zu reden, kann während der Pubertät »verloren« gehen. Diese Entwicklung wird immer häufiger auch von den neuen Medien geprägt, da gerade in Kurznachrichten, wie etwa bei WhatsApp/Instagram etc., Abkürzungen und Emoticons zu einer eigenen Sprache geworden sind. Dadurch verstärkt sich die bewusste Abgrenzung zu der Sprache der Erwachsenen.

Äußerungen nicht persönlich nehmen. Wenn Dich die Art und Weise stört, darfst Du gerne einführen, dass während des Jugendfeuerwehrdienstes diese Ansprachen nicht erwünscht sind.

Nicht von diesem (veränderten) Verhalten beirren lassen – es hat nichts mit Dir als Ausbilder oder Person zu tun. Es gibt sicherlich verlockende Situationen, Dich auf das sprachliche Niveau der Kinder und Jugendlichen herunterzulassen. Tu es nicht! Es schadet Deiner Autorität, da keine klare Abgrenzung mehr gewährleistet ist.

6.3 Die wichtigsten Kommunikationsregeln

Nachfolgend haben wir für Dich die wichtigsten Kommunikationsregeln aus der Praxis zusammengetragen. Es ist sicherlich nicht immer leicht, sich an alle Regeln gleichzeitig zu halten, doch es ist wichtig, dass Du Dir dieser bewusst bist. Diese Regeln gelten für das allgemeine Miteinander – sei es mit Kindern, Jugendlichen oder Erwachsenen:

- Aufmerksames Zuhören mit echtem Interesse.
- Persönliche Gespräche schaffen das Fundament einer tragfähigen Ausbilder-Jugendlichen-Beziehung.
- Möglichkeit geben, Kinder und Jugendliche ihre Meinung äußern zu lassen.
- Entscheidungsspielraum einräumen; Vorschläge nicht gleich ablehnen.
- Nach möglichen Lösungen fragen und gemeinsames Abwägen der besten Problembehebung.
- Gleiche Kommunikationsregeln für alle.
- Regelmäßige Wiederholung von Regeln zur Festigung.
- Einheitliche Regeln aller Ausbilder spiegeln inneren Zusammenhalt und Einigung wider.
- Nicht jedes Wort auf die Goldwaage legen oder persönlich nehmen.
- Ruhiger Ton.
- Ruhe und Achtsamkeit bei Besprechungen, keine störenden Einflüsse von außen.

- Nachfragen, da junge Menschen oft nicht das sagen, was sie wirklich meinen.
- Regelmäßige Treffen und Austausch der Ausbilder.
- Klar definierter Informationsfluss.
- Vorbild sein – freundlich, aber bestimmt.
- Grenzen setzen, Rahmenbedingungen schaffen.
- Mit etwas Positivem beginnen, bevor man Kritik übt – keine Verallgemeinerungen.
- Nie die Person selbst kritisieren, sondern einzelne Verhaltensweisen.
- Keine Ironie anwenden, da dies Distanz und Überheblichkeit signalisiert.
- Kinder und Jugendliche als kompetente Gesprächspartner anerkennen.

Wie Du diese Regeln am besten einführst, umsetzt und beibehältst wird in Kapitel 9 Regeln in der Jugendfeuerwehr beschrieben.

Fazit: Reden ist immer besser als Schweigen!

6.4 Selbstkontrolle

1. Wie übt man am besten Kritik?
    a) Man sagt es gerade heraus, ohne Umschweife.
    b) Mit etwas Positivem beginnen, bevor das Negative angesprochen wird.
    c) Kritik sollte generell nicht geübt werden.

2. Welchen Einfluss haben neue Medien auf das Sprachverhalten von Jugendlichen?
   a) Sie können jetzt schneller miteinander kommunizieren.
   b) Die Fähigkeiten in ganzen Sätzen zu sprechen kann verlorengehen.
   c) Sie schreiben jetzt E-Mails statt Briefe.
3. Wer übernimmt die Führung und Verantwortung in einem Gespräch?
   a) Der Erwachsene.
   b) Derjenige, der am lautesten reden kann.
   c) Der Jugendliche.

7 Motivation

Motivation ist das Streben des Menschen nach Zielen oder wünschenswerten Zielobjekten. Die Gesamtheit der Beweggründe, die zur Handlungsbereitschaft führen, nennt man »Motivation«. Dabei wird zwischen intrinsischer und extrinsischer Motivation unterschieden:

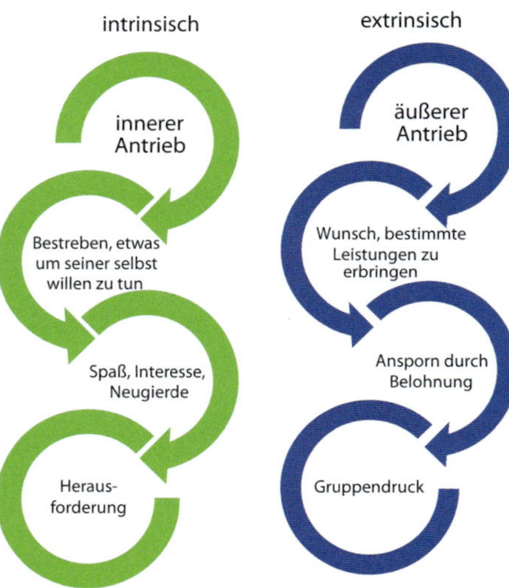

Bild 24: *Intrinsische und extrinsische Motivation*

Die intrinsische Motivation ist tragfähiger und dauerhafter als die extrinsische: Alles, was aus eigenem Antrieb geleistet wird, führt zu mehr Motivation als Dinge, die auferlegt und von außen verlangt werden. Dieses Phänomen kennt sicher jeder aus der eigenen Schulzeit – vieles, was die Lehrer beibringen wollen, interessiert die Schüler nicht. Dagegen werden Hobbys in der Freizeit mit Leidenschaft ausgeführt, auch wenn es identische oder artverwandte Schulstoffinhalte sind. Daher müssen Kinder und Jugendliche den Sinn in ihrem Tun erkennen, Ziele (gemeinsam) formulieren und sich diese immer wieder vor Augen halten. Deine Aufgabe als Ausbilder dabei ist, das Team immer wieder daran zu erinnern, sie auf Ziele wie die Teilnahme bei der Jugendflamme »heiß« zu machen und dabei eine gewisse Spannung aufzubauen. Es geht im Großen und Ganzen darum, bei der Jugendfeuerwehr mit Freude und Spaß etwas zu lernen.

7.1   Das Geheimnis des Erfolgs

Wenn Du ein Team in der Jugendfeuerwehr leiten möchtest und dabei erfolgreich sein willst, geht dies nur mit Teamgeist, Kooperation, viel Kommunikation, Teilhabe und Zutrauen.

Die Erfolgsformel für Dein Team:

- **Vision:**
  Für das Team ist es wichtig, eine gemeinsame Vision zu haben. Dabei werden die Ziele klar definiert, fixiert und immer wieder wiederholt. So sollte etwa bei Vorbereitungen auf einen Wettbewerb dem Team der Sieg immer wieder vor Augen geführt

werden, damit diese ihn verinnerlichen: »Wir wollen das Abzeichen! Wir schaffen das!«

- **Strategie:**
  Die Ausbilder entwickeln unter Einbindung aller Teammitgliedern gemeinsam ein durchdachtes Konzept, wie die gesteckten Ziele erreicht und realisiert werden können. In dieser Strategieentwicklung müssen die Fragen nach sinnvollen Diensten und Trainingseinheiten abgehandelt werden. Das »WIE« zur Erreichung von Schnelligkeit, Routine und Kondition sowie die Sicherheit im Umgang mit Hilfsmitteln spielt dabei ebenfalls eine sehr zentrale Rolle.

- **Organisation:**
  Um eine Mannschaft zum Erfolg zu führen, benötigt man auch die richtigen »Experten«. Alle Ausbilder sind verschieden, jeder hat besondere Fähigkeiten und Stärken in einem anderen Bereich. Diese gilt es gezielt für den Erfolg des Teams einzusetzen. Dafür werden Experten z. B. für Technik, für die Ausbildung, für Theorie, für Praxis aber auch für mentale Stärke benötigt. Hier lohnt es sich genau einzuteilen, wer welchen Part übernimmt. Nicht alle eignen sich für den mentalen Coach, dafür kann einer besser erklären, ein anderer besser anleiten.

- **Werte-Kultur:**
  Eine Mannschaft ist deshalb erfolgreich, weil sie eine wertschätzende Teamkultur entwickelt hat. Es ist wichtig, dass Werte und Normen definiert und gelebt werden. Die Regeln sind, wie bereits erwähnt, für alle – Ausbilder wie Kinder/Jugendliche – gleich

und verbindlich. In einem erfolgreichen Team ist kein Platz für einen Egomanen. Nur gemeinsam kommt die Mannschaft zum Erfolg! Die wichtigsten vorgelebten und vermittelten Werte sind: Fairness, Toleranz, Gerechtigkeit, Ehrlichkeit, Vertrauen, Kameradschaft und Zuverlässigkeit.

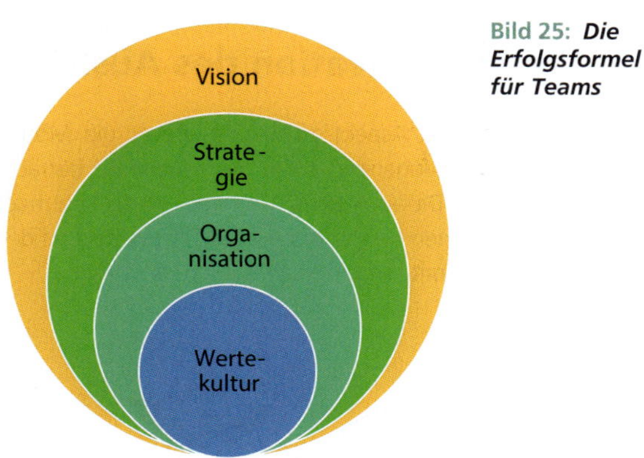

Bild 25: *Die Erfolgsformel für Teams*

Grundsätzlich bringt es Vorteile – und ist eigentlich Voraussetzung – wenn Wissen, Erfahrung und Stärken der Ausbilder gezielt eingesetzt und genutzt werden. Die Ausbilder sind dabei stets Vorbilder und sollten ihre eigenen Stärken und Schwächen gut kennen. Wenn Fehler passieren, dann stehen sie selbst zu diesen, gestehen sie ein und versuchen lösungs- und zukunftsorientiert zu denken.

Eine weitere Erfolgsstrategie ist das Knüpfen von Synergien außerhalb der eigenen Wehr. Um sich z. B. auf die Jugendflamme vorzubereiten, kann es hilfreich sein, sich mit anderen Jugendfeuerwehren zum gemeinsamen Üben zusammenzutun. Hierbei können wiederum das Wissen, die Erfahrung und die Stärken der anderen Teams helfen, das eigene Team voranzubringen, »über den Tellerrand zu schauen« und Erfolge einzusammeln.

7.2 Selbstmotivation des Ausbilders

Ein wichtiger Aspekt zu Beginn: Bevor die Motivation der Kinder und Jugendlichen in der Feuerwehr betrachtet wird, solltest Du Dir als Ausbilder darüber Gedanken machen, was Deine eigenen Beweggründe und Motive sind, in der Jugendfeuerwehr mit jungen Menschen zu arbeiten.

Bild 26: *Ziele – Geld allein schafft keine Motivation*

Es lohnt sich, Dir dabei folgende Fragen zu stellen:

- Warum bin ich Ausbilder geworden und immer noch dabei?
- Was an der Arbeit mit jungen Menschen macht mir Spaß?
- Mache ich es freiwillig oder ist mir die Arbeit auferlegt worden?
- Was sind meine Ziele in der Arbeit mit jungen Leuten?
- Wie motiviert und freudig stehe ich vor der Gruppe?

Diese Fragen sollten sich alle Ausbilder stellen und am besten auch schriftlich festhalten. Für eine Ausbilderversammlung kann dieses Thema ein guter Einstieg sein und somit die Ausbilder dazu animieren, sich mit diesen Fragen gezielt auseinanderzusetzen. Je motivierter ein Ausbilder ist, desto mehr Motivation kann an das ganze Team weitergegeben werden. Frei nach dem Motto: »Ich kann nur ein Feuer in anderen entfachen, wenn es auch in mir brennt!«

Der größte Motivator sowohl für die Ausbilder als auch für die Kinder und Jugendlichen ist die Freude an der Arbeit und der Spaß am Erfolg!

7.3   Tipps und Tricks für die Teammotivation

Deine Aufgabe als Ausbilder ist es, realistische Ziele zu vereinbaren und darüber ins Gespräch zu kommen. Dabei erklärst

Du den jungen Menschen, warum diese Ziele verfolgt werden. Auch sollst Du vermitteln, dass alle Mannschaftsmitglieder gleich und wichtig sind – allen wird wertschätzend und mit Respekt begegnet. Die Kinder und Jugendlichen sollen regelmäßig Rückmeldung und Feedback bekommen und zur Motivationssteigerung sowohl konstruktiv kritisiert, aber auch gelobt werden. Der Informationsfluss innerhalb des Teams muss funktionieren, denn jedes Teammitglied hat das Recht auf demselben Kenntnisstand zu sein.

Bild 27: *Teammotivation durch gemeinsame Ziele und Siege*

Nichts demotiviert mehr, wenn man Informationen immer als letzter, gar nicht oder über Dritte bekommt.

Der Teamgeist und die Motivation werden gefördert, indem Verantwortung an die Jugendlichen abgegeben und der Handlungsspielraum vergrößert wird. Dies könnte z. B. sein, dass sich einer oder mehrere einen Dienst ausdenken und dann der gesamten Gruppe vormachen und zeigen. Ein weiterer Motivator ist die Beteiligung der Mannschaft an Entscheidungen, wodurch sie sich besser mit den Vorgängen innerhalb des Teams identifiziert, beispielsweise bei der Mitwirkung über Ausbildungsinhalte. Ebenfalls kann das wiederholte Trainieren von Lieblingsthemen motivierend wirken.

Eine wichtige Aufgabe ist es, Erfolgserlebnisse, wie etwa einen Wettbewerbsgewinn, gemeinsam zu feiern und zu würdigen. Auch Teilerfolge sollten von Dir und dem Team gefeiert und anerkannt werden, sodass der Ansporn zu mehr gefördert wird. Motivierend wirkt sich auch das Verlassen des üblichen Bezugsrahmens aus. Dies entfacht den Teamgeist, wie etwa einen Ausflug organisieren, ein Training im Klettergarten absolvieren, eine Besichtigung ansetzen u. v. m. Deiner Phantasie sind keine Grenzen gesetzt und da Du Dein Team am besten kennst, wirst Du sicher etwas finden, was allen Freude macht. Dies ist eine gute Gelegenheit, Spaß mit dem Nützlichen zu verbinden.

Um Motivationsstörungen bei Dir und Deinem Team so gut wie möglich zu vermeiden, ist es wichtig, dass Du nicht alles persönlich nimmst und auf Deinen Umgangston achtest. Bei Niederlagen ist es wichtig, das Selbstvertrauen der Gruppenmitglieder zu stärken, diesen gut zuzusprechen und sie zu loben.

Bild 28: *Jugendliche feiern ihren Erfolg*

Zum Abschluss noch ein bewährter Trick: Bei jeder sich bietenden Gelegenheit bringst Du Dein Team in einem Kreis zusammen und rufst ein anspornendes »Wir sind ein …« und Deine Gruppe schreit »Team!«. Nicht umsonst sehen wir ein ähnliches Verhalten in vielen Sportarten, um die Teameinheit und den Teamgeist zu fördern und zu motivieren. An sich sind beim Finden des Spruches keine Grenzen gesetzt und oft hat jede Gruppe ihren eigenen motivierenden »Insider-Spruch«.

7.4 Die S.M.A.R.T.-Methode

Eine besondere Methode, um sowohl Deine als auch die Motivation Deines Teams aufrechtzuerhalten, ist die Definition und Einhaltung von Zielen mit Hilfe der S.M.A.R.T.-Methode. Dafür musst Du im ersten Schritt generell erst mal ein Ziel haben. Dies kann ein Ziel sein, dass Du für Dich selber ausgewählt hast, oder ein Ziel, bei welchem die Gruppe mitentschieden hat.

Nun gehe bei der Formulierung für dieses Ziel nach den folgenden Aspekten vor:

Spezifisch: Eindeutig definiertes Ziel
→ Unmissverständliche und konkrete Details

Messbar: Formulierung von quantitativen und qualitativen Kriterien
→ Zielerreichung objektiv beurteilbar

Attraktiv: Attraktives und akzeptiertes Ziel
→ Positive Formulierung mit aktiven Verben

Realistisch: Formulierung eines realistisch zu erreichenden Ziels

Terminiert: Bestimmung eines konkreten Endzeitpunktes
→ Bessere Kontrolle durch Vereinbarung eines Endes
→ Setzen von Zwischenzielen/Meilensteine

Beispiel:

Du möchtest für einen größeren Ausflug in den Freizeitpark »Europapark« einen schriftlichen Antrag einreichen, damit dieser Ausflug von der Feuerwehr finanziert und genehmigt

wird. Folgende Beispielsätze kannst Du auf Basis der
S.M.A.R.T.-Methode formulieren:

- **Spezifisch:**

  Ich (wer) möchte eine finanzielle Unterstützung für
  den Ausflug in den »Europapark« (was) in Rust (wo)
  im Mai (wann) erhalten, um die Teammotivation als
  besondere Belohnung für ein gutes Jahr aufrecht zu
  erhalten und das Zusammengehörigkeitsgefühl zu
  fördern.

- **Messbar:**

  ich verfasse z. B. drei Seiten (quantitativ) mit aus-
  sagekräftigen Argumenten, die vom Feuerwehr-
  kommandant anerkannt und genehmigt werden.

- **Realistisch:**

  Ich setze einen realistischen finanziellen Rahmen
  auf.

- **Terminiert:**

  Ich setze mir eine Frist, bis wann der Antrag fertig
  sein muss, damit ich diesen dem Komitee vorlegen
  kann. Daraus resultieren weitere Schritte wie
  Genehmigung, Information der Eltern, Kinder und
  Jugendlichen, zeitgerechte Organisation.

Nachdem Du Dir nun Ziele gesetzt hast, kannst Du noch einen
Schritt weiter gehen: Was bringen Dir Ziele, wenn Du diese
nicht regelmäßig selbst überprüfst? Daher nimm Dir in regelmäßigen Abständen Zeit, Deine gesetzten Ziele zu überdenken
und zu bewerten: Welche Ziele habe ich erreicht und welche
nicht? Wo besteht noch Verbesserungsbedarf?

Nun kannst Du Dir noch zu guter Letzt die Frage stellen: Müssen Ziele angepasst werden und falls ja, wie und in welchem Umfang? Gerade wenn es äußere Einflüsse schwierig machen, Dein gestecktes Ziel erreichbar zu machen, ist es wichtig, die Zieldefinierung dynamisch anzugehen. Im vorangegangenen Beispiel können das folgende Überlegungen sein: Muss ich für den Antrag mehr Zeit einplanen bzw. muss der Ausflug aufgrund anderer Umstände verschoben werden? Liege ich generell noch im Zeitplan?

Bild 29: *Ausflug der Jugendfeuerwehr*

7.5 Voraussetzungen für die Teamentwicklung

Für eine gesunde und nachhaltige Teamentwicklung und -motivation gibt es einige Voraussetzungen, die erfüllt werden müssen. So ist eine offene Kommunikation eine Grundvoraussetzung für jedes Team, um ein gutes Verhältnis aller Beteiligten zueinander zu schaffen. Dabei bist Du in ständigem Austausch mit Deiner Mannschaft. Eine gewisse Disziplin wird vom Team verlangt und auf die Einhaltung der Verhaltensregeln ist zu achten.

Die gesamte Gruppe muss die gesetzten Ziele vor Augen haben und bei der Umsetzung tatkräftig mitwirken, wie etwa durch das regelmäßige, gezielte Üben für einen Wettbewerb. Dabei musst Du die Qualitäten des Einzelnen entdecken und richtig einsetzen. Daneben gilt es, die Stärken und Defizite des Teams an sich aufzuzeigen und die folgenden Fragen zu stellen: »Was können wir gut? Worin haben wir noch Entwicklungsbedarf?« Wichtig ist, dass Du diese Fragen positiv formulierst, damit gerade bei Entwicklungsbedarf die Teammotivation nicht abnimmt.

Jedes Teammitglied muss sich verinnerlichen, stets im Interesse des ganzen Teams zu denken: Um Erfolg zu haben, ist das Team wichtiger als der Einzelne, wobei darauf zu achten ist, dass jeder Einzelne für das Team wichtig ist!

Positiv auf die Teamentwicklung und die Teammotivation kann sich die Tatsache auswirken, dass man in einem Team immer unterschiedliche Charaktere und Meinungen »unter einen Hut bringen« muss – verschiedene Ansätze und Sichtweisen erweitern den Horizont und ein gegenseitiger Lerneffekt stellt sich so von selbst ein. Dabei ist ein wertschätzender und respektvoller Umgang zwischen allen Teammitgliedern besonders wichtig.

7.6 Selbstkontrolle

1. Welche beiden Arten von Motivation gibt es?
   a) Introvertiert und extrovertiert.
   b) Intrinsisch und extrinsisch.
   c) Immigrieren und Exit.
2. Wie lautet die Erfolgsformel für Teams?
   a) Vision, Strategie, Organisation und Werte-Kultur.
   b) Gleichberechtigung, Gesprächsrunden, Arbeitskreis, Werte.
   c) Leistungssteigerung, Team-Building, Organisation, Vertrauen.
3. Was hält die Teammotivation hoch?
   a) Kommunikation von realistischen Zielen, Belohnungen, Übertragung von Verantwortung.
   b) Ein Sieg nach dem anderen, mit den Ausbildern per Du sein, Kameradschaft.
   c) Reichhaltig essen und trinken, eigenmächtige Entscheidungen der Jugendlichen.

8 Feedback-Geben leicht gemacht

Mit jeder Reaktion, die wir von uns geben, senden wir bestimmte Signale aus und geben damit unserem Gegenüber ein Feedback – bewusst oder unbewusst. Ob es sich dabei um ein Feedback handelt, welches die Entwicklung des anderen anregt oder einschränkt, das hängt einerseits von unserer inneren Haltung ab und andererseits vom Empfänger und seinen Einstellungen.

Ruth Cohn, eine humanistische Psychologin, hat einmal gesagt (Cohn, 2009):

»Die höchste Kunst des Feedbackgebens besteht darin, jemandem zu sagen, dass er stinkt und derjenige das Gefühl hat, er hat gerade ein Geschenk bekommen.«

Daraus kann die Grundidee des Feedbacks als Unterstützung für den Lernprozess abgeleitet werden:

- Feedback als wohlwollende, konstruktive Hilfe zum Lernen.
- Empfänger soll das Feedback annehmen wollen und können.

Die Art und Weise WIE ein Problem angesprochen wird, entscheidet wesentlich über den weiteren Verlauf des Gesprächs und über die Beziehung zum anderen. Verstricken sich Feedbackgeber und Feedbacknehmer gleich zu Beginn in gegenseitigen Vorwürfen oder Unterstellungen, kann das

Gespräch nicht in einer konstruktiven Lösung enden. Gelingt es jedoch, die Weichen für einen produktiven Austausch zu stellen und den eigenen roten Faden zu verfolgen, dann steht einer positiven Feedback-Gesprächsführung nichts mehr im Wege.

8.1   Regeln für den Feedbackgeber

Auch bei der Jugendfeuerwehr gilt es, die Regeln des Feedbackgebens zu beherrschen, um nicht ungeahnte Widerstände hervorzurufen. Im Folgenden einige Tipps für eine gute Gesprächsführung:

- **Konkret**

  Schilderung der Beobachtungen konkret und ohne Verallgemeinerungen (»ich« statt »man«), Interpretationen oder Bewertungen stets sachlich und neutral, niemals wertend vorbringen.

- **Kurz**

  Auf wenige wichtige Eindrücke beschränken, die unmittelbar Erlebtes knapp und präzise wiedergeben.

- **Konstruktiv**

  Nicht nur negative Eindrücke darlegen, sondern auch positive – nur kritisches Feedback wird zum Schutz des eigenen Selbstwertgefühls nicht angenommen.

- **Klare Ausdrucksweise**

  Folgende Ausdrücke vermeiden:

    - Konjunktive »könnte, würde, wäre«,
    - Einschränkungen »eigentlich, eventuell, vielleicht«,
    - Wörter wie »immer, stets, ständig«.

- **Unterstellungen und Interpretationen vermeiden**

  »Du willst doch nur…« »Ich habe das Gefühl, Du…«

- **Keine persönlichen Angriffe und Abwertungen**

  »Du bist…« »Du machst ständig…«

Bild 30: *Feedbackgespräch anhand von Regeln*

Feedback wirkt generell nur dann positiv, wenn es aus einer wohlwollenden inneren Haltung herausgegeben wird. Man kann nicht erwarten, dass jeder das Feedback umsetzt und annimmt, da diese Entscheidung allein beim Feedbacknehmer selbst liegt. Wichtig ist jedoch zu verstehen, dass Feedback dazu genutzt wird, sein Gegenüber voranzubringen und nicht, um Dampf abzulassen!

8.2 Regeln für den Feedbacknehmer

Auch für das Empfangen von Feedback gibt es einige Dinge, die der Feedbacknehmer beachten muss, damit das Gehörte auch die erhoffte Wirkung zeigt:

- **Aufmerksam zuhören**
  Konstruktive Kritik als »Geschenk« verstehen, um die eigene Weiterentwicklung voranzutreiben und als Unterstützung zu sehen.
- **Offenheit**
  Niemand muss sich rechtfertigen, doch jeder hat die Freiheit selbst zu entscheiden, ob Feedback angenommen wird oder nicht.
- **Kritisch überdenken**
  Das Gehörte in Ruhe kritisch überdenken und sich damit auseinandersetzen.
- **Rückfragen**
  Bei Unklarheiten gleich nachhaken, sonst verstrickt man sich in Fehlgedanken und das Feedback hat nicht die gewünschte Wirkung.

Generell hat jeder Feedbacknehmer das Recht darauf, mit dem Feedback des anderen etwas anfangen zu können und dies als Chance zur Veränderung zu nutzen. Grundgedanken nach einem gehörten Feedback sollten sein: Was will ich mitnehmen? Woraus will ich lernen? Was muss ich nochmal ansprechen oder klären?

8.3 Aktives Zuhören und Verstehen im Feedbackgespräch

Sowohl für Feedbackgeber als auch für Feedbacknehmer ist ein aktives Zuhören, gegenseitiges Verständnis und das Verstehen des Gesagten Voraussetzung. Oft reagieren Menschen in bestimmten Situationen instinktiv, emotional und aus Gewohnheit immer gleich. Für eine geschickte Gesprächsführung ist es jedoch wichtig, sich dessen bewusst zu sein und sowohl persönliche Reaktionen als auch intuitive Äußerungen mit Vorsicht zu genießen und genau abzuwägen.

Folgende Punkte werden während eines Feedbackgespräches eine negative Reaktion beim Gegenüber hervorrufen und sind somit zu vermeiden:

- Den anderen nicht ernst nehmen.
- Gefühl der eigenen Überlegenheit vermitteln.
- Bewerten und kritisieren.
- Unterbrechen und Gegenreden.
- Blickkontakt vermeiden und/oder sich abwenden.
- Belehrungen: »Das macht man gewöhnlich so…«
- Nur von sich selbst sprechen.
- Beschwichtigen: »Kopf hoch, das geht vorbei!«, »Ist doch nicht so schlimm!«
- Maßregeln: »Stell Dich nicht so an!«

- Ratschläge und Rezepte verteilen: »Ist doch ganz einfach!«

Jedoch gibt es auch einige Dinge, die positive Reaktionen beim Feedbacknehmer hervorrufen und das Gespräch in die gewünschte Richtung lenken werden:

- Gedanken und Gefühle des anderen nachvollziehen und Verständnis dafür aufbringen.
- Emotional in den anderen hineinversetzen und dies auch zeigen.
- Echtes Interesse am Gegenüber und an dem gerade geführten Gespräch zeigen.
- Dem Gegenüber eine selbständige Lösung des Problems zutrauen.

Auch wenn die oben genannten Punkte einfach und leicht nachvollziehbar erscheinen, so ist es nicht für jeden immer so einfach und leicht! Wem es besonders schwerfällt, der kann solche Gespräche auch mit anderen üben, um sich über bestimmte Reaktionen oder Verhaltensweisen bewusst zu werden. Unterschiedliche Trainingspartner und -themen sind dabei sehr hilfreich. Für alle Feedbackgespräche gilt: Konflikte niemals vor Unbeteiligten austragen, sondern einen ruhigen, ungestörten Ort für das Gespräch wählen.

Abrundend sei gesagt, dass das aktive Fördern einer positiven Fehlerkultur auch die Feedbackkultur nachhaltig und erfolgsversprechend beeinflussen wird. Dabei ist der positive Umgang mit Fehlern (Fehler als Entwicklungschance) Voraussetzung. Nicht jeder Fehler ist sofort ein schlechter oder komplett falscher Fehler!

8.4 Selbstkontrolle

1. Warum gibt es Regeln für den Feedbackgeber?
   a) Weil in Deutschland immer alles geregelt wird.
   b) Um ungeahnte Widerstände zu vermeiden.
   c) Damit der Feedbacknehmer nicht beleidigt ist.
2. Was ist der Sinn von Feedback?
   a) Gute Ratschläge zu erteilen.
   b) Um dem Gegenüber so richtig die Meinung sagen zu können.
   c) Feedback soll eine wohlwollende, konstruktive Hilfe darstellen.
3. Was ist die allgemeine Regel für Feedbackgespräche?
   a) Feedbackgespräche immer in der gesamten Gruppe führen.
   b) Niemals emotional und »aufgelöst« in ein Gespräch gehen.
   c) Blickkontakt vermeiden.

9 Regeln in der Jugendfeuerwehr

Damit in einem Team das Zusammenleben und Arbeiten funktioniert, ist es von äußerster Bedeutung, dass es bei Dir in der Jugendfeuerwehr Regeln gibt, an die sich alle verbindlich halten. Regeln geben Sicherheit und Orientierung, damit Kinder und Jugendliche einen festen Halt und Klarheit spüren.

Bild 31: *Jugendliche überprüfen ihre Regeln*

Regeln schaffen ein kooperatives und positives Miteinander und fördern das Sozialverhalten der Gruppe. Überall im Leben werden wir mit Vorschriften konfrontiert, damit ein gerechtes und soziales Zusammenleben funktioniert. Es gibt Richtlinien und Gesetze in der Schule, im Berufsleben und im Straßenverkehr. Wer sich den bestehenden Vorgaben widersetzt und erwischt wird, muss mit Folgen rechnen. Die Festlegung und Durchsetzung klarer und nachvollziehbarer Regeln ist ein zentraler, präventiver Ansatzpunkt gegen Gewalt- und Disziplinprobleme sowie die Voraussetzung für ein gutes Gruppenklima.

9.1 Lieber Gebote statt Verbote

Sinn und Zweck der Regeln solltest Du der Mannschaft bewusst machen, da sie sonst diese Regeln als Schikane und Einschränkung ihrer persönlichen Freiheit sieht. Die Bereitschaft, Richtlinien anzunehmen steigt, wenn Kinder und Jugendliche erkennen, dass Regeln das Zusammenleben erleichtern und für alle gelten – auch für die Ausbilder.

Formuliere Regeln als Gebote, nicht als Verbote!

Wichtig beim Formulieren von Regeln:
- kurz und knapp,
- stets positiv,
- keine Verneinung,
- einfach, konkret und leicht nachvollziehbar,
- das erwartete und gewünschte Verhalten genau beschreiben.

Bild 32 und 33:   *Regeln sollten als Gebote und nicht als Verbote sowie positiv formuliert sein.*

Damit für alle klar ist, für wen die Regeln bestimmt sind, beginnen sie mit einem »Ich« oder »Wir« am Satzanfang. Somit können sich die Kinder und Jugendlichen besser mit den Regeln identifizieren und sehen diese als »unsere Regeln« an. Am besten legt Ihr gemeinsam nicht mehr als sechs Grundregeln fest.

Im Umgang mit Regeln sollte umsichtig, aber entschlossen vorgegangen werden. Umsicht ist bei der (sparsamen) Auswahl und Einführung sinnvoller Regeln geboten; Entschlossenheit und Beharrlichkeit wird notwendig, um diese mit den Kindern und Jugendlichen einzuüben und sie immer wieder zu vertreten. Eine vorherige Klärung innerhalb des Ausbilderteams ist daher unbedingt notwendig. Welche Regeln sind Euch besonders wichtig, um sie zu erarbeiten und einzuführen?

Zum Beispiel:

- Wir pflegen einen freundlichen/kameradschaftlichen Umgang!
- Wir gehen achtsam mit Kleidung, den Materialien und Werkzeugen der Feuerwehr um!
- Wir lassen jeden ausreden und dessen Meinung äußern!
- Wir räumen alle gemeinsam auf!

9.2   Jugendliche einbeziehen

Wenn Kinder und Jugendliche bei der Festlegung von Regeln mitreden können, sind sie eher für ein gut funktionierendes Zusammenleben empfänglich und bereit, Verantwortung zu übernehmen und entsprechende Regeln einzuhalten.

Nachfolgend zeigen wir Dir Herangehensweisen, die es Dir ermöglichen sollen, junge Menschen aktiv in den Jugendfeuerwehrdienst einzubeziehen.

9.2.1 Einbezug eines Einzelnen

In den meisten Teams ist mindestens einer, von dem bekannt ist, dass er Mühe hat sich an Regeln zu halten. Hier empfiehlt es sich, diesen Einzelnen konkret bei der Einführung der Regeln um Hilfe zu bitten. Bei dieser Vorgehensweise sind Deine Phantasie und Dein Einfallsreichtum gefragt, da Du das Kind bzw. den Jugendlichen dort abholen sollst, wo seine Stärken liegen.

Bild 34: *Jugendliche und Ausbilder erarbeiten gemeinsam Gebote und Regeln*

Variante 1: Gemeinsame Erarbeitung der Regel mit dem Jugendlichen

Ein mögliches Beispiel: »Du, ich möchte nächstes Mal die Regel xxx üben. Mir ist aufgefallen, dass Du schauspielerisches Talent hast. Wärst Du bereit, mir dabei zu helfen? Es wäre toll, wenn wir dem Team zeigen könnten, wie es aussieht, wenn man sich an die Regel hält bzw. wenn man sich nicht daran hält. Wollen wir das kurz üben?«. Welche besonderen Talente Deine Teammitglieder haben, muss jeder Ausbilder für sich herausfinden. Wichtig ist allerdings, dass die Regel zusammen mit Dir als Ausbilder erarbeitet wird.

Variante 2: Erarbeitung und Vorstellen einer Regel durch den Jugendlichen

Während jedem Jugendfeuerwehrdienst stellt ein anderer selbständig eine Regel dem restlichen Team vor. Hierfür reichen etwa 10 Minuten aus und somit ist der Einzelne eingebunden, bekommt die Verantwortung für die jeweilige Vorstellung (wie und in welcher Weise ist den Kindern und Jugendlichen komplett selber zu überlassen) und die Regeln werden von den anderen leichter akzeptiert. Der Ausbilder kann jedoch bestimmen, wem er welche Regel zum Vorstellen überträgt. Der Vorteil liegt darin, dass derjenige, der sich nicht an eine bestimmte Regel hält, genau diese übertragen bekommt.

Mit diesen Beispielen sorgst Du aktiv dafür, dass jeder die Gelegenheit bekommt, eine positive Beziehung zu Dir und in Folge zur Regel aufzubauen, gleichzeitig aber auch eine extra Möglichkeit erhält, zu üben.

9.2.2 Einbezug des Teams

Eine andere Möglichkeit, die Gruppenmitglieder mit in die Verantwortung der Regeln zu nehmen ist, das Team als Einheit mit einzubeziehen. Hierfür gibt es verschiedene Optionen.

Variante 1: Ausgehend von der Gruppe

1. Schritt: Das Team soll sich Gedanken machen, welches Verhalten innerhalb der Truppe als störend empfunden wird. Alle sollen miteinander reden und

ihre Erfahrungen austauschen. Die Ergebnisse werden in Stichpunkten festgehalten.

2. Schritt: Damit sich schlechtes Verhalten nicht wiederholt, entwickelt das Team Verhaltensregeln und erarbeitet die wichtigsten Regeln, damit sich alle wohlfühlen und miteinander arbeiten können.

3. Schritt: Die ausgearbeiteten Regeln werden dem Team vorgestellt und es wird erklärt, warum sie für die Gemeinschaft wichtig sind. Man sollte sich auf die wichtigsten sechs Regeln einigen.

Variante 2: Ausgehend vom Ausbilder, aber konkretisiert und erweitert von der Gruppe

1. Schritt: In einem Brainstorming werden alle Regeln und Ideen aufgeschrieben und kurz erläutert, warum diese wichtig sind.

2. Schritt: Die Ausbilder stellen dem Team ihre Regeln vor, die sie für sinnvoll halten, damit sich alle im Team wohlfühlen und gut miteinander arbeiten können.

3. Schritt: Alle zählen im nächsten Schritt diejenigen Regeln auf, die für sie am wichtigsten sind – auch eigene Ideen.

4. Schritt: Als Letztes dürfen die Kinder und Jugendlichen selber die wichtigsten sechs Regeln festlegen.

Hinweis: Dieser Prozess soll den Kindern und Jugendlichen in erster Linie Gelegenheit geben mitzureden und sich Gedanken zu machen. Du als Ausbilder hast die Aufgabe darauf hinzuweisen, welche Regeln dem Team guttun würden. Letztendlich ist aber der Ausbilder dafür verantwortlich, dass sinnvolle Regeln erstellt werden.

9.3   Übung ist das halbe Leben

(Gruppen-)Regeln konsequent einzuhalten ist schwierig, auch dann, wenn man diese selbst vereinbart hat und als sinnvoll empfindet. Auch im privaten Bereich ist die Einhaltung persönlicher Vorsätze wie etwa »jeden Tag 20 Minuten joggen«, »keine Süßigkeiten aus Langeweile« oder »ruhig bleiben, wenn man provoziert wird« nicht immer einfach.

Was bräuchte es, um solche Regeln einhalten zu können? Würde ein einmaliges Gespräch oder eine einzige Einsicht genügen? Sehr wahrscheinlich nicht. Daher sind regelmäßiges Training sowie die Erinnerung und Wiederholung von Regeln und Vorschriften sehr wichtig für alle Beteiligten.

Regeln in der Jugendfeuerwehr sollen jungen Menschen Orientierung geben und eine Verhaltensänderung bewirken: Beispielsweise früher aus dem Haus gehen, um pünktlich beim Jugendfeuerwehrdienst zu sein oder eine Antwort nicht einfach in die Runde rufen, sondern die Hand strecken und warten bis man aufgerufen wird. Oft ist dem Ausbilder bei den eigenen Regeln nicht bewusst, wie schwierig es ist, diese einzuhalten.

Allgemein gilt: Die ersten Erfahrungen mit neuen Abmachungen dürfen nicht negativ sein!

Gerade bei Kindern und Jugendlichen musst Du darauf achten, dass sie »sanft« an Regeln herangeführt werden, da diese sonst als Provokation der Erwachsenen ihnen gegenüber angesehen werden. Regeln sind wichtige Eckpfeiler und die Fundamente für unsere Arbeit in der Jugendfeuerwehr. Eine Möglichkeit dazu bietet das gezielte Training einzelner Regeln.

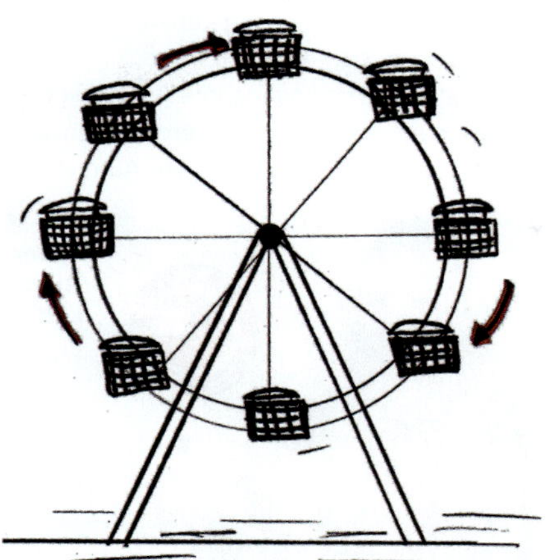

Bild 35:
Ständiges Wiederholen der Regeln wie bei einem Riesenrad

INFO

Nutzung von Kurzfilmen:

Da bei Kindern und Jugendlichen die Aufmerksamkeitsspanne kürzer ist als bei Erwachsenen, können Kurzfilme eine gute Unterstützung zur Vermittlung von Inhalten anbieten. Visualisierungen mit Hilfe dieser Short Stories sind sehr beliebt. Bei der Regeleinführung bietet der nachfolgende Link von der Akademie für Lerncoaching mit einem Kurzfilm eine Möglichkeit zur Unterstützung der Regeleinführung: http://www.youtube.com/watch?v=53T-Hgjb5jg, letzter Zugriff: 20.02.2020.

9.4   Eins nach dem anderen

Neue Regelungen solltest Du mit den Kindern und Jugendlichen jeweils einzeln und so lange üben, bis es dem Team als Ganzes gut gelingt, sich daran zu halten.

Als Beispiel kann das sogenannte »Ruhe-Signal« genannt werden. Während eines Jugendfeuerwehrdienstes musst Du jederzeit die Möglichkeit haben, die Aufmerksamkeit der

Bild 36: *Ausbilder erweckt Aufmerksamkeit*

Kinder und Jugendlichen auf Anweisung hin zu erhalten – etwa mit Hilfe einer Glocke. Der Ablauf »Wenn ich mit der Glocke läute, verschränkt Ihr sofort die Arme vor der Brust und seid still«, wird einige Mal geübt, bis es rasch und gut funktioniert. Dann wird variiert: Die Gruppe erarbeitet etwas in Partnerarbeit und diskutiert etc. Nach ein paar Minuten läutest Du die Glocke, um die Aufmerksamkeit der Mannschaft zu bekommen.

Als weitere Möglichkeit funktioniert auch ein einprägsamer Ton oder eine Geste. Eine Abwechslung wäre ein etwas ungewöhnlicher Ton, der bei allen Spaß hervorbringt, sie aber gleichzeitig dabei lehrt, ein ernstes Thema wahrzunehmen. Hier sind der Phantasie keine Grenzen gesetzt. Darüber hinaus eignet sich das »Ruhe-Signal« auch hervorragend als Warn- und Sammelsignal. Es kann bestens im Trainingsalltag, aber auch bei Ausflügen und Veranstaltungen eingesetzt werden. Es ist jedoch zu beachten, dass das Signal in keiner Weise missbräuchlich oder einfach nur zum Spaß durch die Ausbilder verwendet wird. Die Kinder und Jugendlichen würden das Signal in kürzester Zeit nicht mehr ernst nehmen und der gewünschte Effekt ginge verloren oder würde sich erst gar nicht einstellen.

9.5 Anerkennung und Lob

Wichtig ist es, dem Team durch Rückmeldung Anerkennung auszudrücken und es anzuspornen. Einzelne, besonders diejenigen mit Verhaltensauffälligkeiten, solltest Du vorsichtig hervorheben. Während des Trainings lässt sich oft beobachten, dass viele Freude und Ehrgeiz beim Einhalten der Regeln und beim Mitwirken von Diensten entwickeln. In der Jugendfeuerwehr geht es nicht immer nur um Erfolg und tolle Leistungen, sondern auch darum, den Kindern und Jugendlichen ein sinnvolles Hobby zu ermöglichen – ohne ständigen Leistungsdruck, den diese in der Schule bereits genug erleben. Je besser sie die Regeln üben, desto leichter gelingt es, sich daran zu halten und desto weniger musst Du als Ausbilder ermahnen oder Konsequenzen einfordern.

Bild 37: *Motivation durch Handschlag*

»Ihr seid schon wieder zu spät!«, »Müsst Ihr immer quatschen?« – manche Gruppenmitglieder hören von Dir ständig nur Ermahnungen, und mit der Zeit blenden sie Deine Kritik einfach aus. Besonders Ausbilder, die das Einhalten von Regeln als Selbstverständlichkeit empfinden, tappen in die »Nörgel-Falle«. Es hilft, wenn Du Dir bewusst machst, wie schwierig es ist zuzuhören, wenn der Stoff komplett an den eigenen Interessen vorbeigeht. Auf diese Weise wirst Du es mehr zu schätzen wissen, wenn Kinder und Jugendliche sich trotzdem bemühen. Durch kleine Gesten oder Sätze kannst Du Deine Anerkennung zum Ausdruck bringen:

Bild 38: *Jugendlicher kämpft sich motiviert ins Ziel*

- »Hey, ihr seid heute alle pünktlich – das freut mich.«
- »So, heute waren wir richtig produktiv – Danke für die gute Mitarbeit.«
- »Super, Sabrina und Max sind heute turboschnell und haben schon ihre Sachen aufgeräumt.«

Anerkennung in dieser Form ist eine gute Möglichkeit, die Mannschaft an die Regeln zu erinnern und sie darauf hinzuweisen, dass auf deren Einhaltung weiterhin geachtet wird. Gleichzeitig gelingt es auf diese Weise, für positive Gefühle zu sorgen und eine gute Beziehung zum Team aufzubauen. Lob und Anerkennung tun gut, alle fühlen sich wertgeschätzt und verhalten sich weiterhin regelkonform. Viele vermissen heute eine freundliche, aber klare Führung.

9.6   Beharrlichkeit und Klarheit

Kinder und Jugendliche müssen immer wieder an Regeln erinnert werden. Sie werden die Ausbilder und die Regeln insbesondere dann respektieren, wenn die Ausbilder beharrlich bleiben und immer wieder deutlich machen: »Das ist mir wichtig. Ich gebe nicht nach.« Es ist auch wichtig, dass sich alle Ausbilder an die gleichen Regeln halten. So spüren Kinder und Jugendliche, dass sich die Erwachsenen einig sind, da diese garantiert auf ihre Grenzen getestet werden.

Hierzu folgendes Beispiel: »Luis, hör auf zu quatschen!« – solche Ermahnungen können Dich leicht in Bedrängnis bringen, wenn die Kinder oder Jugendlichen daraufhin anfangen, zu diskutieren wie etwa: »Ich habe nur etwas erklärt!« oder »Sabrina hat auch geschwatzt!«. Darauf kann man kaum richtig reagieren, denn mit einem: »Sabrina, Du auch – seid jetzt beide ruhig!« hat Luis erfolgreich von sich abgelenkt. Vielleicht fangen Sabrina und Luis nun sogar an zu streiten: »Blöde Petze!«. Auch bei einem »Ich rede mit Dir, Luis!«, wird Luis vermutlich erwidern können: »Immer ich! Du bist so fies!« Eine kurze, positiv formulierte Anweisung macht es Dir jedoch oft leichter: »Luis, ich möchte, dass Du zuhörst.« Auf sein »Ich

Bild 39: *Erinnerung an eine Regel*

habe nur etwas erklärt!« könnte nun geantwortet werden: »Ja, und ich möchte, dass du jetzt wieder zuhörst.«

Positiv formulierte Anweisungen machen es leichter, sich danach zu richten. Kinder und Jugendliche fühlen sich durch solche Anweisungen weniger angegriffen, gleichzeitig kann das Team auf diese Weise an die Regeln erinnert werden und rasch zum eigentlichen Thema zurückkehren.

9.7 Visualisierung und regelmäßige Wiederholungen

Es ist wichtig, dass die vereinbarten Regeln zusätzlich mit Symbolen und Bildern visualisiert werden und im Jugendraum oder in der Wache für alle sichtbar sind. Dadurch sind diese Vorschriften für alle jederzeit gegenwärtig und werden bewusst und unbewusst ständig wahrgenommen. Die Kinder und Jugendlichen dürfen dabei ruhig eingebunden werden: Wer hat eine besonders schöne Schrift oder ist ein begnadeter Zeichner?

Eine regelmäßige Wiederholung, am besten alle drei Monate, ist ebenfalls signifikant. Zusätzlich müssen bei Neueintritten die Regeln für die Neuen eingeführt werden, was eine automatische Wiederholung für das restliche Team bedeutet. Sollten die ausgemachten Regeln nicht eingehalten werden ist es ebenfalls notwendig, diese zu wiederholen und jeden erneut darauf hinzuweisen. In regelmäßigen Abständen sollten Ausbilder die Regeln für sich hinterfragen und bei Unregelmäßigkeiten oder Veränderungen aktualisieren. Dies erfordert unter Umständen eine gemeinsame Absprache.

9.8   Die sechs goldenen Regeln

In der Jugendarbeit haben sich die Autoren auf folgende sechs Regeln geeinigt, die ihnen in ihrer Arbeit wichtig sind und sich in der Praxis bewährt haben. Da jedoch jede Jugendfeuerwehr andere Prioritäten setzt, muss jedes Team die Regeln für sich selbst bestimmen. Generell gilt: Manchmal ist weniger mehr!

Bild 40: *Wir sind ein Team – kameradschaftlicher Umgang*

1. **Kameradschaftlicher Umgang mit allen Erwachsenen und Jugendlichen**
   Hier zählen Umgangssprache, respektvoller Umgang, Hilfsbereitschaft, Zusammenhalt, Zusammenarbeit, Vertrauen, Gehorsam und Disziplin.

2. **Pünktlichkeit**
   Rechtzeitiges Eintreffen zum Jugendfeuerwehrdienst, sodass der Dienst pünktlich beginnen und
   enden kann.
3. **Abmelden**
   Wer verhindert ist, meldet sich rechtzeitig ab.
4. **Medienfreie Jugendfeuerwehrdienste**
   Handys müssen im Spind bleiben!
   Hinweis für die Ausbilder: Das Einsammeln von
   Handys ist rechtswidrig und kann zu erheblichen
   Problemen führen!
5. **Wir hören zu!**
   Wir lassen alle ausreden – wer etwas sagen möchte,
   meldet sich mit Handzeichen. Niemand wird ausgelacht.
6. **Achtsamer Umgang mit Kleidung, Material und
   Werkzeugen der Feuerwehr**
   Das Material wird gemeinsam hergerichtet und
   aufgeräumt. Jeder ist für die Instandhaltung seiner
   Uniform und Gerätschaften verantwortlich.

Die Regeln schwingen in unserer täglichen Arbeit mit den
Kindern und Jugendlichen immer mit, sollten aber nicht ausschließlich Bestandteil des Jugendfeuerwehrdienstes sein und
ständig erwähnt werden. Jeder Ausbilder muss für sich und
sein Team ein gutes Mittelmaß finden.

Bild 41: *Wir hören zu!*

9.9   Selbstkontrolle

1. Wie sollen Regeln formuliert werden?
   a) Einfach, positiv und leicht nachvollziehbar.
   b) Leicht lesbar, ausführlich und allgemein gehalten.
   c) Kurz, drohend und unmissverständlich.
2. Wie bauen Jugendliche am besten eine gute Beziehung zu bestehenden Regeln auf?
   a) Durch Einbezug des Einzelnen oder des Teams.
   b) Der Ausbilder gibt die Regeln alleine vor.
   c) Regeln sind von Ausbilder zu Ausbilder unterschiedlich.

3. Auf wie viele Grundregeln sollte man sich höchstens in der Jugendarbeit festlegen?
   a) Zehn.
   b) Zwei.
   c) Sechs.

10 Regel-Verstoß

In unserer Welt gibt es kein Miteinander ohne Regeln, Gesetze oder Vorschriften – sowohl im Großen als auch im Kleinen. Auch die Jugendfeuerwehr ist hier keine Ausnahme und um ein reibungsloses Auskommen zu gewährleisten, sind Regeln ebenfalls an der Tagesordnung.

Bild 42: *Verstoß gegen Regeln*

10.1 Regeln sind zum Brechen da

Wie heißt es so schön: Regeln sind dazu da, um sie zu brechen! Das muss jedem Ausbilder bewusst sein, denn es ist ganz normal, dass Kinder und Jugendliche ihre Grenzen und auch die Regeln austesten. Besonders wenn es mehrere Ausbilder gibt, ist es spannend, was man bei wem darf und was bei wem nicht geht. Hier dürft Ihr Ausbilder Euch nicht auf ein Macht-spiel einlassen, sondern müsst im Vorfeld die gemeinsamen Regeln und Vorschriften innerhalb des Ausbilderteams klären.

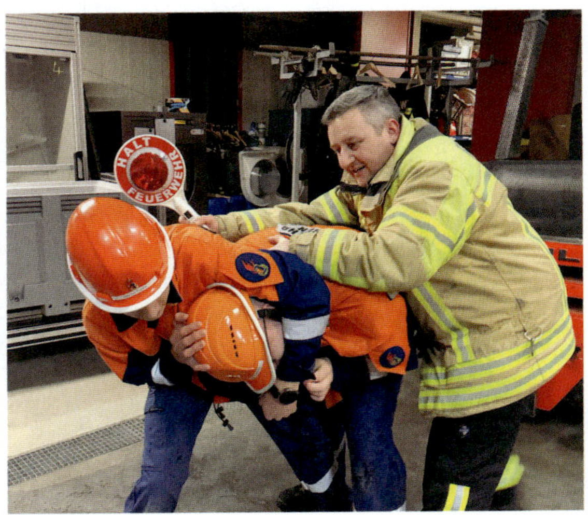

Bild 43: *Jugendliche streiten – Ausbilder schreitet ein*

Nur dann spüren die Kinder und Jugendlichen eine Einigung und versuchen weniger Euch untereinander auszuspielen.

Nach jedem Regelverstoß sind Ungereimtheiten zunächst mit einem klärenden Gespräch auf einen gemeinsamen Nenner zu bringen. Gespräche reichen jedoch nicht immer aus. Daher ist es erstrebenswert, Grenzen zu visualisieren und darzulegen.

Eine erfolgreiche und erprobte Methode, um Regelverstöße »in den Griff« zu bekommen, ist das »Gelb-Rote-Kartenprinzip«. Das Prinzip dient als Hilfsmittel zur Kompetenzstärkung des Ausbilders und kann bei Bedarf jederzeit angewendet werden. Dieses Prinzip bedient sich der bekannten Methode aus dem Fußball und ist leicht auf die Jugendarbeit übertragbar.

10.2 Das »Gelb-Rote-Kartenprinzip«

Jeder Ausbilder hat während des Jugendfeuerwehrdienstes gelbe und rote Karten in der Hosentasche. Vergleichbar mit einem Schiedsrichter auf dem Fußballplatz arbeitet der Ausbilder während der Jugendfeuerwehrdienste mit diesen Karten und setzt sie je nach Bedarf ein.

Beim ersten Regelverstoß wird mündlich auf den Verstoß hingewiesen. Nützt diese Ansprache nichts und das Verhalten ändert sich nicht, bekommt das Kind bzw. der Jugendliche eine gelbe Karte ausgehändigt. Die gelbe Karte bedeutet, so ähnlich wie beim Fußball auch, eine Verwarnung.

Bild 44: *Das »Gelb-Rote-Kartenprinzip«*

Bild 45: *Ausbilder protokolliert Regelverstoß*

Die gelbe Karte wird mit Datum und Verstoß dokumentiert und bleibt vier Wochen oder eine andere gemeinsam festgelegte Zeitspanne gültig. Zwei weitere mögliche gelbe Karten können folgen.

Wenn ein Gruppenmitglied insgesamt drei gelbe Karten bekommen hat, folgt ein Elterngespräch und ggf. eine Abmeldung. Nicht immer sind alle Kinder und Jugendlichen in einer Feuerwehr tragbar und gut aufgehoben. Ohne gelbe Karten kann jedoch keine rote erteilt werden. Derjenige, der sich nicht regelkonform Verhalten hat, muss die Möglichkeit bekommen, sein Verhalten wieder ändern zu können.

Beim vierten Regelverstoß, was schon ein sehr auffälliges Verhalten darstellt, folgt die rote Karte. Sie bedeutet einen Dienstausschluss, aber auch, dass das Kind oder der Jugendliche abgeholt werden muss oder wenn möglich, nach Hause gebracht wird. Dies erfolgt nach telefonischer Rücksprache mit den Erziehungsberechtigten.

Das »Gelb-Rote-Kartenprinzip« ist den meisten aus dem Fußballsport bekannt, sodass sie mit dieser Methode sehr gut umgehen können. Oft ist ein Ausbilder zu Beginn der Einführung etwas unsicher, wann eine gelbe Karte erteilt werden soll. Dies ändert sich jedoch schnell mit zunehmender Erfahrung. Es ist normal, dass der eine Ausbilder schneller eine Karte zieht als der andere. Dies hat unter anderem mit der eigenen Befindlichkeit, der Tagesverfassung sowie Belastungs- und Geduldsgrenze zu tun. Ausbilder sollten sich hier gegenseitig unterstützen und regelmäßig ihre Erfahrungen austauschen, um ein einheitliches Vorgehen umzusetzen. Der Erfolg dieser Methode hängt davon ab, ob die Entscheidungen konsequent, nachvollziehbar und einheitlich getroffen werden.

Bild 46: *Aus- bilder proto- kolliert Regel- verstoß*

10.3 Selbstkontrolle

1. Nach wie vielen gelben Karten kommt eine rote Karte?
   a) Zwei.
   b) Drei.
   c) Vier.
2. Was passiert bei einer roten Karte?
   a) Der nächste Jugendfeuerwehrdienst darf nicht besucht werden.
   b) Kompletter Ausschluss aus der Jugendfeuerwehr.
   c) Die Eltern bekommen einen Brief zugestellt.
3. Wann testen Jugendliche ihre Grenzen aus und wollen Regeln brechen?
   a) Wenn sie schlecht drauf sind.
   b) Wenn sie sich vor dem anderen Geschlecht profilieren möchten.
   c) Wenn es mehrere Ausbilder gibt.

11 Das Team und dessen Prozesse

Das Arbeiten mit Kindern und Jugendlichen im Team stellt jeden Ausbilder vor eine größere Herausforderung als das Arbeiten mit Einzelpersonen. In jedem Team finden ständig unterschiedliche Prozesse statt und das Verhalten der Teammitglieder unterliegt immer einer Veränderung – vom »Ich« zum arbeitsfähigen »Wir« (Team)!

Die Hauptaufgabe des Ausbilders in der Jugendfeuerwehr ist es, aus Einzelpersonen mit unterschiedlichen Bedürfnissen, Werten und Fähigkeiten ein arbeitsfähiges Team zu formen und gleichzeitig ein gutes Gruppenklima herbeizuführen. In diesem Zusammenhang ist es sinnvoll, sich seine eigenen Erfahrungen im Team aus der Vergangenheit in Erinnerung zu rufen: Wie habe ich mich damals gefühlt? Wieso hat dies oder das nicht geklappt bzw. gut funktioniert? Was war damals wichtig und was hätte besser laufen können? Die unterschiedlichen Verhaltensweisen der Teammitglieder innerhalb einer Gruppe sind stark von den Erfahrungen aus der Kindheit geprägt.

11.1 Definition »Team«

Als Team gilt eine Ansammlung von mindestens drei Personen, deren Mitglieder sich über einen längeren Zeitraum in regelmäßigem Kontakt miteinander befinden und eine Beziehung zueinander haben. Das Team verfolgt gemeinsame Ziele und empfindet sich als zusammengehörig – ein WIR-Gefühl entsteht. Innerhalb des Teams entwickeln sich dabei neben gemeinsamen Normen und Regeln auch gewisse Wertevorstellungen und eine individuelle Rollenverteilung. Diese sind in jedem Team anders und daher sehr dynamisch.

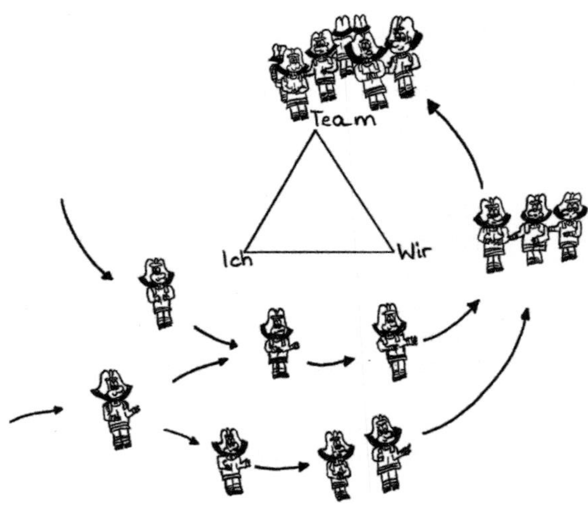

Bild 47: *Vom ICH zum arbeitsfähigen Team*

11.2 Grunddynamik im Team

Leben in einem Team ist eine menschliche Grunderfahrung. Seit der Geburt lebt man in verschiedenen Gruppen und obwohl man in diesen immer man selber ist, fühlt oder verhält man sich in jedem Team anders. Woran liegt das?

Das liegt wahrscheinlich daran, dass es eine große Rolle spielt, wie sehr sich der Einzelne in einem Team wohlfühlt. Denn nur wer sich wohlfühlt, fühlt sich »ganz daheim«, ist frei und unbefangen, spürt größere Motivation zum Lernen und möchte sich aktiv einbringen. Denn in einer Dynamik wachsen die Kräfte und der Einzelne traut sich viel mehr zu. Die Teammitglieder fühlen sich von dem gesamten Team getragen und man ist sich in vielem einig. Fühlt sich ein Teammitglied jedoch unwohl, ist es nicht gerne in diesem Team anwesend. Unsicherheiten und Ängste darüber, wie die anderen Teammitglieder auf einen reagieren, können vorkommen. Es ist möglich, dass das Teammitglied aus dieser Unsicherheit heraus und ggf. aufgrund des Gruppenzwangs mitmacht. Die eigene Persönlichkeit wird dabei zurückgestellt, wodurch sich das Teammitglied weiter unwohl fühlt. Aus dieser negativen Spirale herauszukommen ist meist sehr schwierig.

11.3 Soziale Grundbedürfnisse im Team

Wie bereits in Kapitel 2.1 angesprochen, haben Menschen ein Grundbedürfnis nach Anerkennung und Zugehörigkeit, das ein Leben lang bestehen bleibt. Durch Anerkennung kann der Mensch mit der Zeit Eigenkräfte und Selbstvertrauen entwickeln. Wie stark der Mensch diese Bestätigung braucht, hängt davon ab, ob dieser in seinen bisherigen Beziehungen viel Positives oder Negatives erleben durfte. Dieses Erleben bestimmt das Verhalten der Mitglieder innerhalb eines Teams.

Weil der Mensch wiederum im Team akzeptiert werden möchte, versucht er sein Verhalten so zu gestalten, dass andere es gut finden. Manche verändern dafür auch ihre Meinungen und Wertevorstellungen. Je weniger Anerkennung in der Kindheit erfahren wurde, desto instabiler ist diese Person.

Ein weiteres Bedürfnis ist die soziale Sicherheit, welche mit der Akzeptanz innerhalb des Teams zu tun hat. Wenn der Einzelne die Normen und Werte des Teams anerkennt, so gibt dies Sicherheit und Halt. Aus diesem Grund ist es wichtig, dass es Regeln innerhalb des Teams gibt, an die sich alle verbindlich halten müssen. Feste Rituale, klares Verhalten der Ausbilder und strukturierte Anordnungen geben den Jugendlichen Sicherheit und dadurch auch Geborgenheit und Zugehörigkeit. Spannungen entstehen immer dann, wenn diese Bedürfnisse in Bezug zur eigenen Individualität stehen. Jedoch kannst Du als Ausbilder mit diesem Grundwissen nun anders in Deinem Team vorgehen und die einzelnen Teammitglieder besser in ihrem Verhalten verstehen.

11.4 Die 5 Phasen der Teamentwicklung

Teams durchlaufen, ähnlich wie der einzelne Mensch, verschiedene Entwicklungsphasen – genau genommen insgesamt fünf Phasen:

Orientierungsphase – Machtkampfphase – Vertrautheitsphase – Differenzierung – Trennungsphase.

Das Verhalten des Teams und des Einzelnen zu den gleichen Problemen ist in jeder Phase anders und verläuft nicht geradlinig. In jeder Phase gibt es Übergänge. Einzelne Teammitglieder treiben die Phase voran, während andere sie hemmen. Dadurch hat jedes Team seine eigene Entwicklungsgeschwindigkeit. Wer von einem »Team« spricht, bezeichnet damit in der Regel ein Team in der Vertrautheitsphase. Die entscheidenden Prozesse spielen sich in den ersten beiden Phasen ab. Die meisten Teams bleiben hier verhaftet und entwickeln sich nicht weiter.

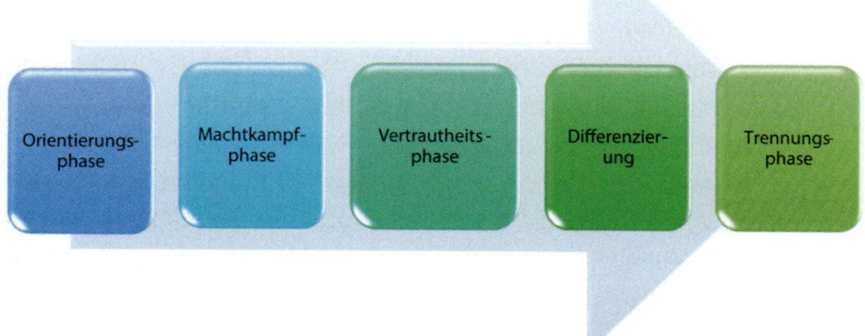

Bild 48: *Die 5-Phasen der Teamentwicklung*

1. Die Orientierungsphase

Dies ist die erste Phase in einem Teamprozess und ist »das Ankommen« im Team. In dieser Phase sind die Teammitglieder eher unsicher und zurückhaltend. Die einzelnen Mitglieder gehen hier noch keine festen Bindungen ein, da sie oft nicht wissen, welches Verhalten in diesem Team angemessen ist. An dieser Stelle ist es Aufgabe des Ausbilders, die Mitglieder behutsam zu empfangen und dabei zu beachten, dass einige

Mitglieder noch Distanz benötigen. Der Ausbilder sollte nur das Kennenlernen unterstützen und darüber hinaus nichts erzwingen.

2. Machtkampfphase

In dieser Phase werden die Rollen des späteren Teams verteilt. Vielen Teilnehmern ist es wichtig, Einfluss auf das Teamgeschehen zu nehmen und mit allen Mitteln Macht auszuüben. Zum Teil lehnen sich einige oder alle Teammitglieder gegen die Ausbilder auf. Einigen Teams gelingt es nur schwer, diese Phase jemals zu überwinden, andere Teams fallen zum Teil auch immer dann in diese Machtkampfphase zurück, wenn es darum geht, neue Entscheidungen zu treffen. Jetzt hat der Ausbilder die Aufgabe, negative Rollen einzelner Personen zu erkennen und wenn möglich diesen entgegenzuwirken. Hier muss der Ausbilder beispielsweise ein in die Außenseiterrolle verstoßenes Teammitglied wieder in das Team einbinden oder sehr dominante Personen ein wenig bremsen. Doch am wichtigsten in dieser Phase ist es, dass der Ausbilder erkennt, dass kleinere Konflikte und ein Kräftemessen dazugehören und nicht unterbunden werden sollten, so lange es nicht zum Schaden von einzelnen Personen führt.

3. Die Vertrautheitsphase

Ist die Rollenverteilung abgeschlossen, verringern sich die Konflikte innerhalb des Teams. Die Teammitglieder können sich mittlerweile einschätzen und kennen die Regeln. Sie identifizieren sich mit dem Team und es entsteht ein WIR-Gefühl. Das Team grenzt sich nun sichtlich nach außen ab und bildet intern auch gegebenenfalls Untergruppen. Das Team entwickelt gemeinsame Symbole oder trägt beispielsweise ähnliche Kleidung. In dieser Phase will jeder gleich sein. Aufgabe des Ausbilders ist hier, dem Team Freiräume zu schaffen, in denen die Teammitglieder sich trotzdem noch als zusammengehörig empfinden. Auch soll der Ausbilder beobachten und eventuelle Konflikte aufarbeiten, die das Team nicht selbst lösen kann.

4. Differenzierung

Mit dieser Phase wird das Team »erwachsen«. Jeder freut sich über die unterschiedlichen Fähigkeiten und Eigenarten der einzelnen Mitglieder und kann darin eine Bereicherung für die Bewältigung einer zielorientierten Aufgabe sehen. Auch öffnet sich das Team nun nach außen und die Mitglieder müssen nicht mehr gleich sein. Die Atmosphäre wird als ideal und harmonisch wahrgenommen. In dieser Phase kann und muss sich der Ausbilder zurückziehen, da das Team nun fähig ist, Konflikte und kleinere Probleme selbst zu bewältigen.

5. Trennungsphase

Ein Team löst sich auf, wenn das Zusammensein als nicht mehr so spannend erlebt wird oder aber das Teamziel erreicht wurde. Dies kann sein, wenn ein Wechsel von der Jugendfeuerwehr zur aktiven Wehr ansteht oder eine Ferienfreizeit zu Ende ist. In dieser Phase kann es passieren, dass sich das Team noch fester aneinanderklammert oder aber auch, dass die Mitglieder wieder in die Orientierungsphase zurückfallen. Hier ist es für den Ausbilder wichtig zu erkennen, welche Bedürfnisse im Team vorherrschen. Der Ausbilder muss die Mitglieder ihre eigenen Wege gehen lassen und ihnen die Möglichkeit eines Abschiedes geben. Wenn der Ausbilder den Übergang in ein neues Team begleiten kann, sollte er diese Gelegenheit wahrnehmen. Als Beispiel gilt hier der Übergang von der Jungendfeuerwehr zur aktiven Wehr, welcher den Teammitgliedern dadurch erleichtert wird.

11.5 Typische Rollen im Team

Wer kennt sie nicht: Kinder und Jugendliche,

- die sich nicht wie alle anderen benehmen.
- die alles besser wissen.
- die nörgeln.
- die streiten und schlagen.
- die über alles lachen.

Aber wie geht man mit diesen um? Leider gibt es für all diese Fälle keine einheitlichen Lösungen. Der Einzelfall ist entscheidend. Aus Erfahrungswerten können jedoch Typisierungen abgeleitet werden, um die unterschiedlichen Rollen innerhalb eines Teams zu konkretisieren (Gruppenleiterleitfaden, 2008). Im Folgenden werden einige wichtige Rollenbilder aufgezeigt sowie der Umgang des Ausbilders mit diesen:

Der Außenseiter

Außenseiter gehören von Beginn an bewusst oder unbewusst nicht zur Gruppe. Sie haben keine richtigen Freunde und werden nicht richtig akzeptiert. Oftmals sind diese Außenseiter besonders anhänglich und suchen die Aufmerksamkeit des Ausbilders. Dieser muss solche Außenseiter schnellstmöglich erkennen, um noch in der Orientierungsphase gegenzulenken. Er sollte versuchen, diese Außenseiter durch verschiedene Gruppenzusammensetzungen immer wieder zu integrieren und viele Kontaktpunkte zu schaffen.

Bild 49: *Der Außenseiter*

Im Zweifelsfall sollte der Ausbilder sich eher auf die Seite des Schwächeren stellen, um ihm die Wertschätzung innerhalb des Teams zu vermitteln. Zuviel Parteinahme und Engagement entzieht dem Außenseiter ggf. auch die Verantwortung für die Integration. Er verlernt dadurch, wie man sich in eine Gruppe integriert. Ebenfalls kann die Gefahr bestehen, dass die Zuwendung durch den Ausbilder bei den anderen Gruppenmitgliedern als Bevorzugung angesehen wird, wodurch die Stellung des Außenseiters weiter verschlechtert werden könnte. Ausgewogenheit und Feingefühl sind in diesem Fall für den Ausbilder essenziell. Jedoch muss sich dieser auch bewusst sein, dass es Außenseiter gibt, die keinen richtigen Kontakt wollen oder auch nicht die soziale Kompetenz haben, um einen solchen aufzubauen. Diese müssen es nicht unbedingt als schlecht empfinden, wenig Kontakt zu haben. Man darf solchen Außenseitern auch keinen Kontakt aufzwingen.

Das schwarze Schaf

Es gibt Kinder und Jugendliche, die ziehen Ärger nur so an, gewollt oder ungewollt. Diese sind wie »schwarze Schafe« – sie stänkern, zerstören, meckern oder sind einfach nur tollpatschig. Oftmals bekommen schwarze Schafe in ihrem eigenen Freundeskreis durch ihr Verhalten vermehrt Aufmerksamkeit und übertragen diese Taktik auf die Jugendfeuerwehr.

Ermahnungen prallen an schwarzen Schafen meist wirkungslos ab. Der Ausbilder sollte versuchen, die Talente oder Stärken der Einzelnen herauszufinden und diese gezielt zu fördern. Hierdurch wird dem schwarzen Schaf ermöglicht, Anerkennung auf anderem positiven Weg zu erlangen. Natürlich sollte es zur Verantwortung gezogen werden, wenn es etwas anstellt. Oft muss das schwarze Schaf auch als »Sündenbock« herhalten. Es ist die Aufgabe des Ausbilders, die Ursachen der Schuldzuweisung herauszufinden.

Der Nörgler

Nörgler sind schwer zu begeistern und finden alles blöd – keine Aktion erfüllt sie mit wirklicher Freude. Der Nörgler kann die Stimmung im ganzen Team zerstören und besonders bei Schwächeren und leicht beeinflussbaren Kindern und Jugendlichen schlimme Folgen anrichten. Der Ausbilder sollte auf Kritik eingehen und diese mit Fakten widerlegen (»Klar hat Dir das Spiel Spaß gemacht, Du hast die ganze Zeit gelacht«). Er kann auch gezielt nach Details oder einer Begründung fragen, warum dem Nörgler etwas nicht gefällt. Spürt der Ausbilder einen schlechten Einfluss auf das Team, sollte er mit dem Nörgler ein Einzelgespräch führen. Manchmal währt auch hier Ehrlichkeit am längsten. Die ehrliche Aussage des Ausbilders, dass das Verhalten des Nörglers kränkt und nicht akzeptabel ist, kann zielführend sein. Es kann manchmal auch nicht schaden, wenn man selbst ein bisschen nörgelt und dadurch aufzeigt, wie sehr so ein Verhalten nervt und stört.

Der Gruppenführer

Der Gruppenführer ist der Chef und kümmert sich um das Team. Er will ständig im Mittelpunkt stehen, weil er glaubt, er sei der Beste und der Stärkste. Er trifft schnell Entscheidungen für sich und andere. Er weiß um seine Rolle als Sprecher im Team, nutzt diese und unterstützt so auch schwächere Mitglieder. Wird jedoch seine Rolle als Gruppenführer in Frage gestellt, nutzt er seine psychische und physische Macht aus, um das System wiederherzustellen. Auf den Chef kann man sich meistens hundertprozentig verlassen, er organisiert sehr gerne und unterstützt den Ausbilder so gut er kann. Er kann Verantwortung tragen, versucht, alle anderen mit einzubeziehen und ist selbstbewusst und mutig. Manchmal muss der Ausbilder aber auch bewusst Grenzen setzen, um nicht in Versuchung zu kommen, den Gruppenführer als Ersatzleiter anzusehen. Denn auch ein selbsternannter Gruppenführer hat nicht mehr Rechte innerhalb des Teams als die anderen.

Der Organisator

Er ist derjenige, der aktiv »anpackt« und ohne Zeitverschwendung mit einer Sache beginnt. Er ist sowohl der Macher als auch der Praktiker, denn er organisiert das Material und hat viele Ideen, wie man Dinge besorgen und Pläne umsetzen kann. Er wirkt sehr unterstützend und hilfsbereit. Er ist auch derjenige, der am schnellsten die Hand streckt, wenn man Helfer oder

Freiwillige zum Arbeiten benötigt. Er macht das mit einer Freude und Selbstverständlichkeit, ohne dafür Lob oder Dank einzufordern. Der Organisator opfert sich auch gerne für unangenehme Aufgaben. Er versucht auf diese Art und Weise Kontakt und Aufmerksamkeit zu erreichen. Dies gelingt ihm dadurch leider selten und die Gefahr ist groß, dass er von den anderen ausgenutzt wird. Hier ist der Ausbilder gefragt, denn er muss in solchen Fällen den Organisator bremsen, die anderen aber gleichzeitig in die eigene Verantwortung nehmen. Richtig eingesetzt, kann der Organisator für den Ausbilder eine echte Unterstützung sein, auf die dieser bauen kann.

Der Experte

Er ist der intelligente Kopf des Teams und übernimmt oft die Beraterrolle. Wenn die anderen nicht weiterwissen, holen sie sich Unterstützung beim »Fachmann«. Er denkt bis in das kleinste Detail und hinterfragt die Fakten und Situationen. Der Schwerpunkt dieser Rolle liegt in der Theorie, deshalb sind diese Typen eher die Theoretiker und für das Praktische weniger zu haben.

Dieser Typ denkt über Entscheidungen sehr lange nach und wägt alle Vor- und Nachteile ab. Er ist eher ein pessimistischer Mensch, der manchmal am möglichen Verlauf und Erfolg zweifelt. Er kann Prozesse durch sein

Bild 50: *Der Experte – Albert Einstein*

Zweifeln ausbremsen. Nicht selten wird der Experte als »Klug-scheißer« oder »Besserwisser« bezeichnet und dadurch werden die Vorteile, die er mit sich bringt, übersehen. Der Aus-bilder muss einschreiten, sobald der Experte von einigen Teammitgliedern gehänselt und ausgelacht wird. Richtig ein-gesetzt, ist dieser Fachmann für jedes Team ein Gewinn und sowohl Gruppenmitglieder als auch Ausbilder können von einem Experten profitieren.

Der Mitläufer

Der Mitläufer hat keine eigene Meinung. Er findet alles super, was die anderen auch super finden, und doof, was die anderen auch doof finden. Er richtet sich komplett nach der Gruppe, will und kann keine Verantwortung tragen und kann fast nichts allein bewältigen. Wenn er im Jugendfeuerwehrdienst anwe-send ist, macht er diesen ohne zu motzen mit und unterwirft sich den Anforderungen und Aufgaben. Er hat oberflächliche Kontakte und Beziehungen zu anderen Teammitgliedern, feste Freunde hat er meistens außerhalb des Teams. Er ist zwar integriert, ist jedoch eher im Hintergrund und unauffällig. Bei einem Mitläufer tut der Ausbilder gut daran, ihn regelmäßig in einem ruhigen Gespräch nach seiner wirklichen Meinung zu fragen bzw. diese kritisch zu hinterfragen. Gerade in Situa-tionen, die dem Mitläufer offensichtlich nicht guttun, muss der Ausbilder einschreiten.

Der Clown

Der Clown fällt gerne auf und steht, nicht immer positiv, im Mittelpunkt. Er versucht ständig, witzig und albern zu sein und erntet dadurch sehr oft viele Lacher. Er macht Witze über

Bild 51: *Der Clown*

andere, kann aber auch sehr gut über sich selbst lachen. Er ist oft zappelig und laut, stört gerne beim Erklären oder Arbeiten und ist nicht konzentriert bei der Sache. Der Clown kann nicht lange an einem Thema verweilen und hat ständig Quatsch im Kopf. Im Team wandelt er auf einem schmalen Grat zwischen Ansehen und Ablehnung.

Einerseits ist der Clown sehr beliebt, bringt viel Spaß, sorgt für Unterhaltung und ist ein sehr geselliger Typ. Andererseits ist es für den Ausbilder meist sehr schwer, den Clown auszuhalten, weil er oft ins Wort fällt oder die Konzentration der anderen auf sich statt auf die Arbeit lenkt. Doch für das Team ist der Clown ein wichtiges Mitglied. Er ist für die meist positive Gruppendynamik äußerst bedeutend und kann angespannte Situationen entschärfen.

Leider können hier nicht alle Rollenbilder vorgestellt werden, da es so viele unterschiedliche Typen gibt. Die Einteilung und der Umgang werden oft erschwert, da sich die Rollen in vielen Fällen etwas überschneiden und dadurch verschwimmen. Wichtig für Dich als Ausbilder ist es jedoch, Deine Gruppenmitglieder zu kennen und in diesen Rollenbildern wiederzuerkennen. Nur so kannst Du sie besser verstehen, einschätzen und mit ihnen umgehen.

 Stecke niemals ein Gruppenmitglied in eine Schublade, denn Kinder und Jugendliche können auch mehrere Rollen gleichzeitig einnehmen! Die Gruppendynamik und der ständige Veränderungsprozess verhindern das absolute Kategorisieren und verfälschen das Ergebnis. So sind auch die verschiedenen Rollen innerhalb eines Teams dynamisch und wandelbar. Deine Aufgabe ist es, diesen steten Wandel abzufedern und agil damit umzugehen.

11.6 Selbstkontrolle

1. Welche typischen Rollenbilder gibt es innerhalb eines Teams?
   a) Mechaniker, Koch, Buchhalter.
   b) Grüner Hahn, schwarzes Schaf, weißes Pferd.
   c) Chef, Experte, Clown.
2. In welcher Phase muss ein Ausbilder eingreifen, wenn ein Außenseiter im Team ist?
   a) Trennungsphase.
   b) Machtkampfphase.
   c) Orientierungsphase.
3. Was muss der Ausbilder bei einem »Chef« beachten?
   a) Er ist der Ersatzmann, wenn der Ausbilder nicht zum Dienst kommen kann.
   b) Dem Chef müssen auch Grenzen aufgezeigt werden.
   c) Der Chef hat immer Recht.

12 Mobbing

Jeder kennt Situationen, in denen Kinder und Jugendliche gehänselt und geärgert wurden. Dies waren vor allem diejenigen, die aufgrund ihrer Herkunft, ihres Aussehens oder ihres Verhaltens aufgefallen sind oder nicht der »Norm« des jeweiligen Umfelds entsprochen haben. Der Streber mit den guten Noten und Liebling der Lehrer, der übergewichtige Junge oder das Mädchen mit den dicken Brillengläsern – uns fallen viele Personen ein, die durch ihre Eigenart zum Außenseiter und zum »Feindbild« erklärt wurden.

Dass Kinder und Jugendliche sich gegenseitig ärgern ist normal, das war früher so und wird sich auch in Zukunft nicht ändern. Dennoch gibt es einen Unterschied zwischen scheinbar harmlosem Ärgern und dem Thema »Mobbing«. Letzteres ist ein sehr ernst zu nehmendes und leider omnipräsentes Thema.

12.1 Was ist Mobbing

Es existiert keine allgemeingültige Definition von »Mobbing«, da dies ein ziemlich schwer greifbarer Sachverhalt ist (Kasper, Lindemeier, 2004). Mobbing sind nicht nur tätliche Angriffe oder verbale Beschimpfungen, sondern auch passives Handeln wie etwa Vorenthalten von Informationen oder Kontaktverweigerung. Auch gezieltes Meiden von bestimmten Personen fällt unter den Sachverhalt des Mobbings. Gemobbte werden asozial behandelt, indem sie sozial isoliert werden.

		D	E	M	Ü	T	I	G	E	N							
		D	R	O	H	U	N	G	E	N							
				B	E	L	E	I	D	I	G	U	N	G	E	N	
H	E	R	A	B	W	Ü	R	D	I	G	U	N	G	E	N		
	S	C	H	I	K	A	N	E									
				N	A	C	H	S	T	E	L	L	U	N	G	E	N
	A	U	S	G	R	E	N	Z	U	N	G						

Bild 52: *Mobbing – Definition (nach: https://karrierebibel.de/ mobbing)*

Von Mobbing wird auch gesprochen, wenn eine Person so sehr unter den Äußerungen und Taten einer einzelnen Person oder einer Gruppe über einen längeren Zeitraum leidet, dass es psychologisch gesehen nachhaltig bleibende Wunden und Spuren hinterlässt. Das Opfer erleidet über eine längere Zeitspanne von mindestens sechs Monaten Schikanen, Benachteiligungen oder tätliche Angriffe bzw. Verletzung der Privatsphäre.

Der Unterschied zwischen Mobbing und Ärgern besteht darin, dass das Opfer beim Mobbing einen langfristigen, seelischen Schaden davonträgt. Hin und wieder geärgert zu werden verkraften wir allemal – doch ständig gemobbt zu werden, hat fatale Folgen für das weitere Leben. Diese Erfahrungen können durchaus die psychische Gesundheit eines Kindes oder eines Jugendlichen gefährden, sodass sie ein Leben lang darunter leiden.

Ein sensibler Umgang in diesem Zusammenhang ist auch das Thema Suizid, mit dem man sich vertraut machen sollte ohne Panik zu verbreiten. Dennoch ist es leider ein nicht unumgängliches Thema in Verbindung mit Mobbing geworden. Mobbing ist heutzutage eine der größten Herausforderungen für die Jugend, da es überall vorkommen kann. Besonders Teenager verlieren dabei jeglichen Respekt: Das Opfer wird beschimpft, oftmals wird Gewalt angewandt und psychischer Druck ausgeübt. Oft bekommen wir Erwachsenen gar nichts davon mit und es passiert in geheimen und unbeaufsichtigten Momenten. Deshalb ist es wichtig, dass wir bei diesem Thema besonders aufmerksam sind und sensibilisiert werden. Wir haben die Verantwortung, unsere Gruppenmitglieder zu schützen und gegebenenfalls gegen zu wirken. Noch viel besser wäre es, bereits präventiv einzugreifen, damit Mobbing in der Jugendfeuerwehr eingedämmt wird oder gar nicht erst vorkommt.

12.2 Arten und Anzeichen von Mobbing

Mobbing hat viele Gesichter und daher ist es wichtig zu wissen, welche grundsätzlichen Arten vorkommen können (Hegeler, A., 2018):

- **Cybermobbing:**
  Das Mobbing geschieht im Internet oder über das Handy. Dort werden gezielt Gerüchte gegen andere Personen oder bearbeitete/echte Fotos in Umlauf gebracht. Ein Rückgängigmachen von online gestellten Fotos durch eine dritte Person ist so gut wie unmöglich.

- **Verbales Mobbing:**
  Dies basiert auf dem Verhalten sowie dem Aussehen und den Leistungen des Opfers. Das Mobbingopfer wird hierbei direkt verbal angegriffen.

- **Stummes Mobbing:**
  Diese Art besteht aus Nichtbeachtung bis hin zur Verachtung des Opfers.

- **Körperliches Mobbing:**
  Hier wird das Opfer verprügelt, erpresst oder genötigt.

Keine Art von Mobbing ist besser oder schlimmer als die andere – jede Person empfindet Mobbing anders und leidet unterschiedlich.

Mobbing hat stark mit den Begriffen Macht und Ohnmacht zu tun. Die, die Schwächere mobben, genießen das Gefühl von Macht und fühlen sich dadurch wichtig und stark – natürlich auf Kosten der Schwächeren. Macht gibt einem das Gefühl von Überlegenheit und Stärke und baut das eigene Selbstwertgefühl auf. Sobald Macht jedoch auf dem Rücken anderer ausgetragen wird, spricht man von Machtmissbrauch. Man benötigt andere, um sich stark zu fühlen. Menschen, die ihre Macht so aufbauen, sind im wahren Leben eher unsichere und schwache Menschen. Oft wurden sie selber gedemütigt, verletzt und missachtet. Der gesunde, soziale Mensch braucht keine Opfer, um sich zu behaupten und gut zu fühlen. Unterm Strich bedeutet es, dass die Psyche und Selbstsicherheit eines Drahtziehers von Mobbing nicht stark sind. Auch er könnte selbst schnell zum Mobbing-Opfer werden.

Für Dich als Ausbilder ist es enorm wichtig, die ersten Verhaltensveränderungen bei einem Mobbingopfer zu erkennen, damit so früh wie möglich reagiert werden kann. Folgende mögliche Anzeichen sollen Dir bei der Sensibilisierung helfen:

- Die Betroffenen haben keine Lust mehr zu Jugendfeuerwehrdiensten oder Aktivitäten der Jugendfeuerwehr zu gehen.
- Die Leistungen der Gemobbten lassen stark nach.
- Die Betroffenen werden immer mehr zu Außenseitern in der Jugendfeuerwehr.
- Es besteht der Hang zum Ausschluss aus einer Gruppe.
- Eine Person oder eine Gruppe von Personen ist unterlegen.
- Die Kommunikation ist gewaltbereit, beleidigend und führt zu Verletzungen und Konflikten.
- Es bestehen häufig Anfeindungen und Kampfbereitschaft.
- Die Gemobbten fühlen sich über einen längeren Zeitraum verletzt und angegriffen.
- Die Betroffenen werden immer ruhiger, zurückhaltender und in sich gekehrt.
- Die Betroffenen haben öfter physische Verletzungen, über die sie nicht sprechen wollen.
- Die Betroffenen werden ignoriert, dürfen sich nicht äußern und werden nicht ernst genommen.
- Gespräche verstummen, sobald eine bestimmte Person den Raum betritt. Sie wird wie Luft behandelt und wird nicht eingeladen oder informiert.

- Es entstehen Gerüchte hinter dem Rücken der Betroffenen, in der Öffentlichkeit und vor den Betroffenen.
- Die Betroffenen werden ausgelacht, gedemütigt und zum Gespött der ganzen Gruppe gemacht.
- Es verschwinden persönliche Gegenstände der Gemobbten oder sie werden beschädigt.
- Mobbingopfer werden oft zu niedrigen Arbeiten gezwungen, z. B. ständig putzen, aufräumen, spülen, etwas holen, tragen etc.

Wenn Mobbing in einer Gruppe vorkommt, ist die Gruppenatmosphäre von Angst, Unsicherheit und Misstrauen geprägt. Ein WIR-Gefühl stellt sich garantiert nicht ein und die Grundstimmung ist eher aggressiv, demotiviert und depressiv. Meistens ist ein Teil der Gruppe nicht in das Thema Mobbing involviert, sie schauen oft nur zu, halten sich heraus und ignorieren das Geschehen. Doch auch dieses passive Verhalten hat schlimme Auswirkungen auf die Opfer. Sie fühlen sich alleingelassen und hilflos. Dieses Schweigen und Nichtstun entwürdigt den Unterlegenen noch mehr und stärkt die unsozialen Verhaltensweisen des Mobbers ungemein. Nichtstun und Zuschauen bedeutet Unterstützung des Mobbings! Deshalb ist es wichtig, dass wir unsere Kinder und Jugendlichen in ihrer Zivilcourage fördern und die Angefeindeten nicht alleine lassen. Durch Gespräche, in denen Mobbingbeispiele theoretisch besprochen, Lösungsmöglichkeiten gemeinsam entwickelt und fördernde Verhaltensweisen eingeübt werden, kann man Mobbing reduzieren und eventuell sogar ganz vermeiden.

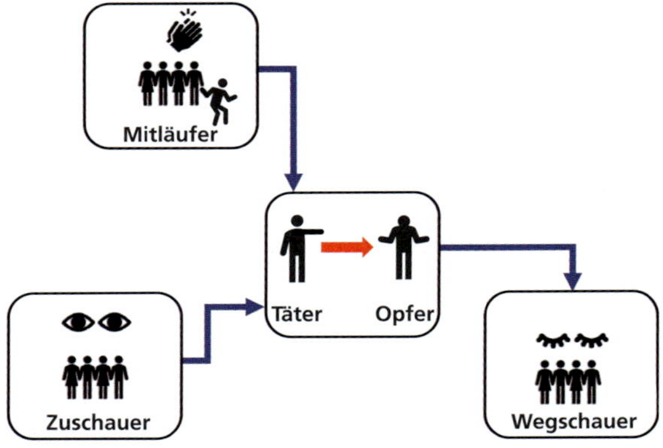

Bild 53: *Mobbing ist ein System (nach https://karrierebibel. de/mobbing)*

Wir wissen alle, wie schnell sich eine negative Stimmung auf die ganze Gruppe überträgt. Ist die Gruppenstimmung ungut, so wirkt sich dies auch negativ auf das Lernverhalten und die Leistungsqualität der Gruppe aus. Gewinne oder gar die Teilnahme an Wettbewerben und positive Lernergebnisse bleiben dadurch leider aus. Dies kann auch die Ausbilder an ihre Grenzen bringen und demotivieren.

12.3 Die Phasen des Mobbingprozesses

Im Kinder- und Jugendbereich wird der Mobbingprozess in drei Phasen unterteilt, wohingegen Mobbing im Erwachsenenbereich (Berufsleben) oft in vier oder fünf Phasen dargelegt wird. Im Folgenden eine Darstellung der drei Phasen des Mobbingprozesses (schulranzen.net, Stand: Juni 2020):

1. **Explorationsphase:**
   - Kleine Boshaftigkeiten gegen unterschiedliche Kinder
   - Finden eines geeigneten Opfers
2. **Konsolidierungsphase:**
   - Beginn systematischer Attacken
3. **Manifestationsphase:**
   - Festigung der Opferrolle
   - Isolation aus der Gruppengemeinschaft

Für Dich als Ausbilder ist es ganz besonders wichtig herauszufinden, in welcher Phase sich der Mobbingprozess gerade befindet, denn nur in Phase 1 und 2 (Exploration und Konsolidierung) kann noch interveniert werden!

Spätestens in der Konsolidierungsphase muss ein Ausbilder durch- und eingreifen, noch bevor sich das anbahnende Verhaltensmuster verfestigt und es zur »Normalität« innerhalb der Gruppe wird.

Ein aufmerksamer Umgang mit Deinem Team und ein feines Gespür für die Gruppenatmosphäre sind unerlässlich und Du solltest Dich und die Kinder bzw. Jugendlichen öfter hinterfragen und genau beobachten.

12.4 Maßnahmen zur Vermeidung von Mobbing

Um nicht nur die negativen Aspekte des Mobbings aufzuzählen, möchten wir Dir einige positive Hilfsmittel zur Seite stellen, die Dir helfen sollen, Mobbing so gut wie möglich von Anfang an zu verhindern, zu minimieren oder hoffentlich noch rechtzeitig zu stoppen.

Als erstes musst Du für Dich reflektieren, wie Du generell mit den Äußerungen der Gruppenmitglieder umgehst: Lache ich mit? Stelle ich manchmal selber eine schwächere Person vor der Gruppe bloß? Höre ich weg und reagiere nicht? Schreite ich ein und wenn ja, ab welchem Zeitpunkt? Du als Ausbilder bist Vorbild und lebst den Kindern und Jugendlichen einen sozialen und respektvollen Umgang vor. Dies bedeutet auch, bei Anfeindungen und Verletzungen zwingend einzugreifen.

Da Du den/die Schwächsten Deiner Gruppe am besten kennst, solltest Du diese besonders im Auge behalten. Gerade diesen benachteiligten Kindern und Jugendlichen solltest Du es ermöglichen, an ihren Stärken zu arbeiten. Hierbei kannst Du bereits bewusst versuchen, Ausgrenzungen zu vermeiden, indem Du Gruppenkonstellationen bestimmst und entsprechend einteilst.

Ein weiterer Aspekt ist Gespräche zu führen – zuerst ein offenes jedoch separates Gespräch zu diesem Thema mit den jeweils Betroffenen, danach ein gemeinsames Gespräch im Kreis. Mit zunehmendem Alter der Jugendlichen ist ein präventives Gruppengespräch in Bezug auf Mobbing-Themen immer anzustreben! Diese Kreissituation ermöglicht allen einen Blickkontakt zueinander. Kinder und Jugendliche haben häufig durch zu viel Umgang mit neuen Medien das Kommunizieren auf Augenhöhe verlernt oder noch nie erfahren. Dies zeigt sich deutlich im Anstieg von Cybermobbing, da die Distanz zum Opfer mutiger und unnahbar macht. Wichtig ist bei einem Gespräch in großer Runde: Stelle niemals jemanden bloß und behalte jeden Einzelnen im Auge! Versuche das Gespräch neutral und sachlich zu führen, ohne persönlich oder wertend zu werden. Dies ist wahrscheinlich in Anbetracht der Situation nicht immer leicht, doch es bringt dem Gemobbten nichts, wenn Du selber zu emotional an das Thema herangehst. Die Mobber nehmen Dich dann unter Umständen nicht mehr ernst, belächeln die Situation und der Gemobbte sieht in Dir keine Unterstützung mehr.

Präventiv kann man sich in regelmäßigen Abständen innerhalb der gesamten Mannschaft mit dem Thema »Mobbing« auseinandersetzen. Somit wird jeder mit dieser Problematik konfrontiert und muss sich damit auseinandersetzen. Das soziale Klima kann hierdurch verbessert und Mobbing ggf. ganz verhindert werden. Hat sich trotz aller Bemühungen doch ein gewisses Mobbing untereinander entwickelt, so kann es auch eine Überlegung wert sein, gute Referenten und spezialisierte Fachkräfte zu den Jugendfeuerwehrdiensten einzuladen, um mit der Gruppe gemeinsam das Thema aufzugreifen und daran zu arbeiten.

Eine weitere präventive Maßnahme ist das Patensystem: Jedes neue Mitglied bekommt einen Paten zur Seite gestellt, damit eine gute Integration gelingt.

Geht Mobbing von bestimmten Personen aus, die sich nicht an die Regeln halten, ist das Gelb-Rote-Kartenprinzip (Kapitel

10.2) anzuwenden. Letztendlich führt dies zum Ausschluss aus der Jugendfeuerwehr. In diesen Fällen kann man wirklich davon reden, dass sich eine Gruppe »gesund schrumpft«.

Eine mobbingfreie Jugendfeuerwehr bekommt man nicht von allein – sie ist das Ergebnis eines toleranten und wertschätzenden Miteinander sowie harter Arbeit aller Beteiligten. Wenn wir alle das gleiche Verständnis eines respektvollen Umgangs verinnerlicht haben, können wir den Teufelskreislauf des Mobbings durchbrechen oder gar verhindern.

Die goldene Regel lautet:

»Was Du nicht willst, das man Dir tut, das füge auch keinem anderen zu!«

12.5 Selbstkontrolle

1. In welcher Phase ist das Mobbing kaum noch zu stoppen?
   a) Konsolidierung.
   b) Exploration.
   c) Manifestation.
2. Was versteht man unter »stummen Mobbing«?
   a) Der Gemobbte verstummt und traut sich nichts mehr zu sagen.
   b) Der Gemobbte wird nicht beachtet.
   c) Niemand schreitet bei Mobbing ein.

3. Was ist die Rolle des Ausbilders bei Auftreten von Mobbing?

   a) Zusehen, denn es wird sich von alleine wieder legen.

   b) Rechtzeitig einschreiten, bevor Mobbing zu einem normalen Verhalten innerhalb der Gruppe wird.

   c) Er lacht mit, damit der Gemobbte merkt, dass es nur ein Witz ist.

13 Kooperation zwischen Erwachsenen und Jugendlichen

»Gehorsam« wird in unserer modernen Gesellschaft kaum mehr von der Jugend gefordert und ist heute kein wichtiges Erziehungsziel mehr. Die altmodisch und mit Zwang verbundene »Tugend« des Gehorsams wurde durch die Einsicht abgelöst, dass ein Zusammenleben durch gemeinsame Regeln und Absprachen besser gelingt.

Bild 54: *Ausbilder überträgt verantwortungsvolle Aufgaben an Jugendliche*

Ziel ist es, die Kooperation der jungen Leute zu gewinnen. Dies funktioniert jedoch nicht durch Strafen (daher sollten rote Karten nur im Ausnahmefall genutzt werden!), sondern durch die Übertragung von Verantwortung auf die Kinder und Jugendlichen, demzufolge ein gemeinsames Miteinander eingefordert werden kann.

13.1 Eigenverantwortliches Verhalten

Um junge Leute an ihre Verantwortung zu erinnern und von ihnen ein kooperatives Verhalten einzufordern, ist es wichtig, dass sie ihr eigenes Verhalten aktiv überdenken. Hierzu musst Du als Ausbilder sie zur aktiven Mitwirkung anregen. Die Gelegenheit hierzu bietet sich am besten in einem Gespräch am Ende eines Jugendfeuerwehrdienstes. Hier eine kleine Auswahl an Möglichkeiten mit Beispielen:

- **Direkte Ansprache eines Problems**
  - »Ich musste Euch mehrmals ermahnen nicht zu …«
  - »Ich erwarte von Euch, dass …«
  - »Ich möchte mit Euch schauen, wie Ihr es schaffen könnt, die Regel xxx einzuhalten. Habt Ihr eine Idee, wie Ihr das hinbekommt?«
- **Zum Nachdenken anregen**
  - Falls nicht gleich eine Antwort kommt: »Überlegt es Euch in Ruhe und kommt beim nächsten Jugendfeuerwehrdienst mit Euren Ideen zu mir.«

- **Aufforderung zur Reflexion**
    - Am Ende des nächsten Jugendfeuerwehrdienstes schauen wir, ob es dann funktioniert hat.«

Die oben genannten Beispiele zielen darauf ab, dass Du die Kinder und Jugendlichen wieder in ihre Verantwortung nimmst und nicht nur Befehle erteilst, die in aufgebrachten Situationen sowieso überhört werden. Es macht dabei Sinn, die Meinung der Gruppenmitglieder anzuhören. In einer Kooperation mit ihnen solltest Du deren Ideen und Wünsche, Kritik und Änderungsvorschläge aufnehmen. Leider reichen Hinweise, Bitten oder Gespräche nicht immer aus, um ein verändertes Verhalten hervorzurufen. Eine weitere Maßnahme mit Konsequenzen kann auch wieder das Gelb-Rote-Kartenprinzip sein, wie in Kapitel 10.2 angeführt.

13.2 Präventive Maßnahmen

Meist sind es Kleinigkeiten, die überhört oder bewusst nicht angesprochen werden. Die Angst, aus einer Mücke einen Elefanten zu machen und dabei einen Konflikt mit den Kindern und Jugendlichen heraufzubeschwören, spielt unterschwellig oft eine Rolle. In Dir »brodelt« es dann so lange bis die Nerven blank liegen, Du selbige verlierst und schreist. Dieses Verhalten ist jedoch komplett kontraproduktiv, um mit Kindern und Jugendlichen (aber auch mit Erwachsenen!) ein reibungsloses Miteinander zu garantieren. Daher ist es von Vorteil, solchen

Situationen vorzubeugen und in Ruhe gemeinsam eine Lösung zu finden, die für alle akzeptabel ist.

Bevor es zur Eskalation einer Situation kommt, kann es für Dich manchmal hilfreich sein, kurz in Dich zu gehen und tief durchzuatmen. Danach wird es Dir leichter fallen, Dich auf das bevorstehende Gespräch einzulassen und weniger emotional zu reagieren. Mögliche Gesprächsansätze könnten dann folgen:

- »Ich möchte/brauche jetzt Ruhe, um gleich konzentriert etwas erklären zu können. Habt Ihr eine Idee, wie ich es erklären kann und Ihr zuhören könnt? Das wäre jetzt von enormer Wichtigkeit.«

Bild 55: *Ausbilder und Jugendliche unterhalten sich sachlich und vertrauensvoll*

- »Letztes Mal haben nur zwei von Euch aufgeräumt. Mir wäre es diesmal wichtig, dass alle aufräumen – habt Ihr eine Idee, wie das heute funktionieren kann?«

Dinge, die Dich stören, müssen direkt mit den Kindern oder Jugendlichen angesprochen und thematisiert werden. Dabei musst Du ruhig und sachlich bleiben und um ihre Stellungnahme bitten. So erreichst Du eine kooperativere und vertrauensvollere Zusammenarbeit. Sie fühlen sich weniger kritisiert, sondern eher aufgefordert, sich ebenso um Lösungsmöglichkeiten zu bemühen. Generell gilt: Ein ständiger Austausch unter den Ausbildern ist notwendig, damit einheitlich vorgegangen wird.

13.3 Umgang mit Störenfrieden

In jedem Team gibt es mindestens ein Kind oder einen Jugendlichen, der durch sein Verhalten auffällt, stört, nicht gruppenkonform ist oder sich schlichtweg nicht anpassen möchte. In den meisten Fällen kann durch Regeln, durch einen kameradschaftlichen Umgang und durch Verständnis, das Kind bzw. der Jugendliche in das Team »zurückfinden«. Hier musst Du aber genau hinsehen, warum jemand bewusst oder auch unbewusst versucht, das Team und somit auch die gesamte Arbeit zu stören. Es wird provoziert, um aufzufallen und Aufmerksamkeit zu erzielen. Jedoch gibt es immer menschliche Gründe für so ein Verhalten. Daher ist es wichtig, dass Du so früh wie möglich mit den Störenfrieden ins Gespräch kommst. Eine klare und offene Ansprache in einem persönlichen Gespräch tut gut und vermittelt ein echtes Interesse an seiner Person und der aktuellen Situation. Dabei ist es wichtig gut zuzuhören, damit das Kind oder der Jugendliche das Gefühl bekommt, er wird ernst genommen. Im Folgenden einige Aspekte, die im Umgang mit Störenfrieden sinnvoll sind:

- Ruhiges Gespräch mit allen Beteiligten führen.
- Sachlich bleiben und Beobachtungen immer mit Beispielen benennen.
- Dinge gründlich klären, dabei strikt sein und nichts durchgehen lassen.
- Gemeinsam Kompromisse finden.
- Das Gruppen-Klima darf nicht weiter »vergiftet« werden.
- Gezielt fragen, warum der Störenfried in der Jugendfeuerwehr ist (eventuell sind die Motive nicht stark genug).
- In die Lage des Störenfrieds versetzen, um dessen Sichtweise besser zu verstehen.
- Dem Störenfried die eigene Sichtweise aufzeigen und auch um Verständnis bei ihm ersuchen.

Dass Dir das Einhalten der Regeln und ein guter Umgang innerhalb der Gruppe wichtig sind, zeigst Du nicht, indem Du laut wirst und schimpfst, sondern durch Beharrlichkeit. Leider passen nicht alle Kinder oder Jugendliche in eine Jugendfeuerwehr und manchmal ist es einfach für alle besser, sich zu trennen, um das verbleibende Team wieder zu stärken. In Ausnahmefällen müssen folglich härtere Konsequenzen gezogen werden (wie etwa bei tätlichem Übergriff oder mutwilliger Zerstörung von Fremdeigentum), jedoch sollte der Ausschluss aus der Jugendfeuerwehr immer die letztmögliche Lösung sein.

Bild 56: *Gemeinsames Reflektieren des Jugendfeuerwehrdienstes*

13.4 Selbstkontrolle

1. Kooperation mit Jugendlichen kann funktionieren durch
   a) Strafen.
   b) Übertragung von Verantwortung.
   c) Belohnung.
2. Wie kooperieren Jugendliche am besten?
   a) Aufgrund von Kritik und der Aufforderung zur Besserung.
   b) Durch ruhiges und sachliches Ansprechen der Probleme.
   c) Probleme werden stillschweigend übergangen.
3. Der Umgang mit Störenfrieden funktioniert am besten wodurch?
   a) Durch positive Formulierung, keine Diskussionen und klare Ansage.
   b) Durch Aufzeigen des negativen Verhaltens und Kritik.
   c) Durch Ausschluss aus der Jugendfeuerwehr.

14 Zusammenarbeit mit den Eltern in der Jugendfeuerwehr

Die Auseinandersetzung mit den Eltern ist in der Jugendfeuerwehr ein wichtiger Bestandteil und gehört zu Deiner Arbeit als Ausbilder. Eltern sind vom Kindergarten und der Schule den Austausch sowie den Kontakt zum Betreuungspersonal gewohnt und zeigen großes Interesse daran, wie es ihrem Kind in der Gruppe geht und ob sich dieses wohlfühlt. Je jünger die Kinder in der Jugendfeuerwehr sind, desto intensiver ist der Austausch und der Kontakt zu den Eltern gewünscht.

14.1 Unterschiedliche Formen der Zusammenarbeit mit den Eltern in der Jugendfeuerwehr

14.1.1 Das Tür- und Angelgespräch

Diese Gespräche finden hauptsächlich beim Bringen oder Abholen der Kinder statt. Sie dienen dem informellen Austausch und der Beziehungspflege zwischen den Eltern und Dir. Für Eltern kann es hilfreich sein, wenn sie wissen, wie der Jugendfeuerwehrdienst für ihr Kind war und wie es dem Kind dabei erging. Das Gespräch zeigt gegenseitige Wertschätzung und Vertrauen zwischen den Eltern und Dir. Du solltest darauf achten, dass die Gespräche nicht zu lange dauern und sich auf kurze Infos beziehen. Tür- und Angelgespräche sind die niedrigschwellige Form der Elternarbeit, können daher ohne große formale Initiierung und Vorbereitung geführt werden und kommen häufig zufällig zustande. Tür- und Angelgespräche eignen sich nicht, um tiefgreifende Themen oder Probleme anzusprechen. Hierfür solltest Du die Eltern zu einem Elterngespräch im geschützten Rahmen einladen.

14.1.2 Das Elterngespräch

Das terminierte Elterngespräch kommt in der Jugendfeuerwehr eher seltener vor. Doch dann und wann ist es wichtig, sich mit den Eltern in einem geschützten Rahmen an den Tisch zu setzen, sich auszutauschen und gegebenenfalls Probleme anzusprechen. Dies kann z.B. der Fall sein, wenn sich einer nicht an die Regeln hält oder der Gruppe nicht guttut.

Bild 57: *Das Elterngespräch*

In solchen Fällen ist es oft erfolgreich, wenn Du die Eltern mit einbeziehst, um gemeinsam auf das Problem und die Ursachen zu achten.

Eltern kennen ihre Kinder am besten und können manchmal auch Aufschluss darüber geben, was gerade los ist. Doch solche Gespräche sind nicht immer einfach. Wenn es darum geht, dass ihr Kind bzw. das Verhalten ihres Kindes kritisiert werden, reagieren manche Eltern gerne emotional – schließlich geht es um den eigenen Nachwuchs und alle Eltern wollen das Beste für ihre Kinder. Dazu kommt, dass Kritik am Verhalten des Kindes schnell auch als Zweifel an der Erziehungsfähigkeit der Eltern gewertet wird, wodurch sich diese angegriffen fühlen können.

Ziel eines Elterngespräches ist, dieses immer so sachlich und rational wie möglich zu gestalten und ein bestimmtes Verhalten des Kindes mit konkreten Beispielen zu beschreiben. Hier einige Tipps, wie Du ein erfolgreiches Elterngespräch führen kannst:

Vorbereitete Umgebung:

Sorge für eine Atmosphäre, in der Du Dich ungestört mit den Eltern unterhalten kannst. Es ist wichtig, dass nicht ständig andere Leute das Gespräch unterbrechen können. Stelle ein Getränk bereit. Eine gute Gesprächsatmosphäre trägt zu einer positiven Stimmung bei.

Schriftliche Notizen:

Mach Dir einige schriftliche Notizen. Schriftlich festgehaltene Beobachtungen sind wichtig, um den Eltern anhand von konkreten Beispielen die Probleme aufzeigen zu können.

Somit kann eine klare Haltung den Eltern gegenüber gezeigt und die Situation im Allgemeinen geschildert werden. Gegebenenfalls können Anwesenheitslisten Aufschluss über Fehlzeiten liefern, um nicht nur irgendwelche Daten darzulegen, sondern klar nachvollziehbare Fakten. Es zeigt auch, dass Du Dich im Vorfeld mit dem Gesprächsthema befasst und Dir Gedanken dazu gemacht hast.

Gesprächsziel definieren:

Du musst das Ziel des Gespräches im Vorfeld festlegen. Dadurch bleibst Du beim Thema und kannst das Gespräch in die gewünschte Richtung lenken und gemeinsam Lösungen zielorientiert erarbeiten.

Gesprächsdauer:

Lege einen für den Gesprächsanlass zeitlichen Rahmen fest. So wird vermieden, dass sich das Gespräch unnötig in die Länge zieht oder zu lange »um den heißen Brei« geredet wird.

Wertschätzende Begrüßung:

Begrüße die Eltern freundlich, danke ihnen für das Kommen und würdige das Interesse und die verfügbare Zeit. Ein bisschen Smalltalk vorweg kann die angespannte Stimmung etwas auflockern.

Ablauf des Gesprächs den Eltern erläutern:

Zu Beginn des Gesprächs ist es hilfreich, den Eltern den Gesprächsablauf und die Inhalte grob zu benennen:

- Wieviel Zeit steht für das Gespräch zur Verfügung?

- Über was soll in der vereinbarten Zeit gesprochen werden? Dies kann eventuell bereits im Vorfeld abgeklärt und die Eltern nach ihren Wünschen gefragt werden.
- Schilderung der aktuellen Situation.
- Erörterung der Gründe für das vorhandene Problem.
- Welches Ergebnis wäre aus Deiner Sicht und aus der Sicht der Eltern wünschenswert?

Ein Gespräch auf Augenhöhe führen:

Es ist von besonderer Bedeutung die Eltern spüren zu lassen, dass sie keinen Gegner vor sich haben, sondern einen gleichberechtigten Gesprächspartner. Das gemeinsame Ziel ist, zum Wohle des Kindes gute Lösungen zu finden. Wenn Eltern spüren, dass ihre Meinung gehört und wertgeschätzt wird, dann öffnen sie sich, fühlen sich beachtet und gleichberechtigt – eine gute Voraussetzung für das Gelingen des Gesprächs:

- Gib den Eltern die Möglichkeit sich zu äußern, was sie sich von diesem Gespräch wünschen.
- Frag bei Unklarheiten nochmals tiefer nach, um Missverständnisse zu vermeiden.
- Wiederhole die Schilderungen der Eltern mit Deinen eigenen Worten und mache kleine Zusammenfassungen. So fühlen sich die Eltern gehört und gut verstanden.
- Stelle auch nach Deinen Ausführungen Rückfragen, um zu erkennen, ob die Eltern Deine Punkte verstanden haben.

- Wenn möglich, ziehe die Eltern in die Lösungsfindung und in die Lösungsansätze mit ein. Somit unterstützen diese das weitere Vorgehen.
- Trotz aller Probleme sollten wir nicht vergessen, dass jedes Kind auch Stärken und positive Seiten hat. Diese sollten unbedingt im Gespräch hervorgehoben werden.
- Versuche während des gesamten Gespräches sachlich zu bleiben und die Probleme eher zu beschreiben, anstatt zu bewerten.

Zusammenfassung:

Am Ende eines Gesprächs ist es hilfreich, noch einmal alle wichtigen Punkte, Vereinbarungen und Lösungen zusammenzufassen, wenn nötig schriftlich. Erwähne, welche Aspekte durch das Gespräch geklärt und welche Ziele erarbeitet wurden. So vermeidest Du, dass etwas vergessen oder missverstanden wird. Ebenfalls sollte ein nachfolgender Gesprächstermin vereinbart werden, um im Nachgang zu erörtern, ob die festgelegten Maßnahmen Wirkung und Erfolg gezeigt haben.

Verabschiedung:

Verabschiede Dich freundlich mit einigen positiven Worten und bedanke Dich nochmals bei den Eltern, dass sie sich Zeit genommen haben.

14.2 Elternbriefe und Elterninformationsvermittlung

Bei der Wiedergabe von Informationen spielen Elternbriefe eine wichtige Rolle. Hier gilt es aber zu bedenken, dass diese Art von Kontaktaufnahme eine »Ein-Weg-Kommunikation« ist und kein direktes Feedback ermöglicht. Es besteht erst im Nachgang die Möglichkeit, in einen Dialog zu kommen oder Rückmeldung zu erhalten. Der Elternbrief wird im Jugendfeuerwehrdienst allen ausgeteilt in der Hoffnung, dass die Post auch zu Hause abgegeben wird. Briefe müssen heutzutage mit vielerlei anderen Medienarten konkurrieren und die knappe Lesezeit der Eltern ist leider Wirklichkeit geworden.

Heutzutage ist es zeitgemäßer, die Elternpost über E-Mailverteiler zu senden. Somit haben die Eltern die Möglichkeit, jederzeit zu antworten und können ihre E-Mails überall nachlesen. Eine weitere Methode Nachrichten an die Eltern zu senden wäre über eine WhatsApp-Gruppe. Diese kann jedoch eine große Masse von Nachrichten mit sich bringen und wird nicht von jedem befürwortet. Erfahrungen haben jedoch gezeigt, dass sich solche WhatsApp-Gruppen großer Beliebtheit erfreuen und der praktische Nutzen überwiegt – nicht nur reine Eltern-Ausbilder-Gruppen sind denkbar, sondern auch gemischte Gruppen für Eltern, Ausbilder und Jugendliche. Der Vorteil bei gemischten Gruppen sind eine höhere Disziplin (weniger gifs, lustige, aber sinnlose Videos oder Kommentare) und eine bessere Kontrolle vor etwaigen Mobbingversuchen. Es gilt zu berücksichtigen, dass nicht alle Eltern einen Account bei WhatsApp oder Facebook haben. Auch ist die Wortwahl bei Ein-Weg-Kommunikationsmitteln zu beachten, da gerne etwas missverstanden wird.

Generell gilt: Bitte entscheidet über die Art der Nachrichtenvermittlung selbst, da gibt es kein Richtig oder Falsch. Ziel ist jedoch immer, dass die Informationen schnell und so viele Eltern wie möglich erreichen.

14.3 Der Elternabend

Der Elternabend ist die seltenste Form der Elternarbeit in der Jugendfeuerwehr. Ein Elternabend kann aber sinnvoll sein, wenn möglichst viele Eltern über allgemeine Dinge oder über etwas Aktuelles informiert werden sollen. Du musst jedoch berücksichtigen, dass nicht alle Eltern an diesen Terminen teilnehmen können und somit die Möglichkeit besteht, dass nicht alle auf den gleichen Informationsstand gesetzt werden können. In der Jugendfeuerwehr eignen sich Elternabende als Elterninformationsveranstaltungen für interessierte Neuzugänge oder für die Mitgliederwerbung. Die Eltern haben die Möglichkeit, sich persönlich über die Inhalte und Vorteile der Jugendfeuerwehr zu informieren und sich vor Ort die Räumlichkeiten und Gegebenheiten anzusehen. Des Weiteren können sich Eltern mit ihren Fragen gezielt an Dich als Ausbilder wenden und lernen Dich persönlich kennen. Am besten überlegst Du Dir vor Ort, ob ein Elternabend sinnvoll ist. In unserer schnelllebigen Gesellschaft haben die Eltern oft wenig Zeit und nutzen lieber andere Medien oder Formen der Informationsweitergabe.

14.4 Hospitationen

Die Hospitation der Eltern dient dem Einblick in die Arbeit der Jugendfeuerwehr. Hier können Eltern angemeldet einen Abend oder Tag in der Jugendfeuerwehr verbringen. Sie bekommen dadurch nicht nur einen Eindruck von der Jugendfeuerwehr, sondern auch vom Verhalten ihres Kindes innerhalb einer Gruppe. Bei Letzterem müssen sich Eltern jedoch bewusst sein, dass sich Kinder und Jugendliche in Gegenwart ihrer Eltern anders verhalten werden. Außerdem sind nicht alle dazu bereit, die Eltern in »ihre« Feuerwehr zu lassen. Hier könnte ein Konfliktpotential entstehen, das gut abgewogen werden muss. Die Zeit bei der Jugendfeuerwehr bietet den jungen Menschen eine »elternfreie-Zone«, die dadurch aufgehoben wird. Andererseits ermöglicht die Hospitation einen guten Kontaktaufbau zwischen der Jugendfeuerwehr als Organisation und Eltern und schafft gleichzeitig gegenseitiges Verständnis. Eltern können während dieser Hospitation auch als Helfer und Unterstützer eingesetzt werden, z. B. Kinder bei einer Station beaufsichtigen. Auch gibt es viele unterschiedliche Talente in der Elternschaft, welche man durch eine Hospitation entdecken und zukünftig eventuell in die Jugendarbeit als »Experten« einbinden kann. Gleichzeitig wird ein Schneeball-Effekt ausgelöst, denn eventuell kann man diese Erwachsenen für die Freiwillige Feuerwehr begeistern oder als Betreuer und Ausbilder in der Jugendfeuerwehr langfristig einbinden. Diese wiederum werden es weitererzählen und hoffentlich auch andere begeistern und auf die Feuerwehr aufmerksam machen.

14.5 Feste und Feiern

Ein weiteres Angebot der Elternarbeit, bei dem beinahe alle Eltern aktiv erreicht werden, sind Feste und Feiern. Diese dienen zum gegenseitigen Kennenlernen in ungezwungener Atmosphäre und fördern die Beziehungen zwischen Eltern und Ausbildern. Feste machen allen Spaß, bestärken das WIR-Gefühl und schaffen Verbundenheit. Während dieser Feste können Ehrungen durchgeführt und die Arbeit in der Jugendfeuerwehr allgemein vorgestellt und präsentiert werden. Die Gruppe kann Vorführungen einüben und den Eltern dann stolz zeigen. Bei Festen ist die Wahrscheinlichkeit sehr groß, dass fast alle Eltern erreicht werden – auch diejenigen, die durch andere Formen der Elternarbeit kaum zu erreichen sind. So wird auch die Integration von z. B. sozial schwächeren Familien oder Familien mit Migrationshintergrund gefördert. Anlässe zu einer Feier gibt es immer (Sommerfest, Weihnachtsfeier, Jubiläum etc.).

14.6 Selbstkontrolle

1. Was versteht man unter einem »Tür- und Angelgespräch«?
   a) Gespräch mit Eltern beim Angelausflug.
   b) Spontanes Gespräch beim Bringen und Abholen der Kinder.
   c) Elterngespräch hinter verschlossener Tür.

2. Was versteht man unter Hospitation?
    a) Besuch eines Hospitals.
    b) Gewinnung von Neumitgliedern.
    c) Besuch eines Außenstehenden in eine Einrichtung, um einen Einblick zu bekommen.
3. Welche Kommunikationsarten gibt es zwischen Eltern und Ausbilder?
    a) Streitgespräch.
    b) Rundbrief und WhatsApp-Gruppe.
    c) Flaschenpost.

Schlussgedanken

Mit diesem Büchlein hoffen wir, Dir einen Leitfaden an die Hand gegeben zu haben, der Dir und anderen Ausbildern hilft, Deine Jugendfeuerwehr nachhaltig gestalten zu können. Es wäre schön, wenn daraus ein reger Austausch innerhalb Deiner eigenen Wehr, aber auch zu anderen Wehren entsteht. In diesem Zusammenhang freuen auch wir uns sehr, wenn wir von Euch Feedback bekommen: Wie läuft es gerade in Deiner Wehr? Bei welchem Thema seht Ihr die größten Erfolge bzw. was ist Euch schwergefallen? Habt Ihr vielleicht noch weitere tolle Tipps und Tricks auf Lager, die Ihr gerne mit uns und anderen teilen wollt?

Unser Buch soll weiterleben – dies können wir am besten gemeinsam erreichen und daher meldet Euch doch unter folgender Emailadresse: fire@fire-circle.de

Des Weiteren sagen wir an dieser Stelle ein großes »Dankeschön« an die Jugendfeuerwehr Bad Krozingen sowie an die Jugendfeuerwehr Stockach/Abteilung Espasingen, die uns tatkräftig mit ihren Erfahrungen unterstützt haben!

Ebenfalls möchten wir erwähnen, dass viele der hier angegebenen Themen bei der Jugendfeuerwehr in Bad Krozingen ausführlich erprobt wurden. Die Jugendfeuerwehr hatte vor einigen Jahren mit großem Teilnehmermangel zu kämpfen, doch mit viel Energie, Spaß, Durchhaltevermögen und Systematik wurde die kleine Gruppe immer größer und ist heute eine motivierte und engagierte Jugendfeuerwehrtruppe. Dies soll all denjenigen Mut machen, bei denen es momentan noch nicht so richtig klappen möchte und diejenigen bestärken, die schon viel umsetzen konnten und am Ball sind.

Nur gemeinsam kommen wir voran…

Literatur- und Quellenverzeichnis

Akademie für Lerncoaches: »Klassenregeln einführen, gemeinsam sind wir klasse«, http://www.youtube.com/watch?v=53T-Hg¬jb5jg, letzter Zugriff: 24.02.2020.

Cohn, Ruth: »Von der Psychoanalyse zur themenzentrierten Interaktion«, Klett-Cotta (2009).

Drew, Naomi: »Mobbing-Prävention in der Grundschule«, Mülheim an der Ruhr, Verlag an der Ruhr (2012).

Erpenbeck, John; Sauter, Werner: »So werden wir lernen«, Berlin/Heidelberg, Springer Gabler (2013).

Falk-Frühbrodt, Christine: »Welche Lerntypen gibt es?«, https://www.iflw.de/blog/lernen/welche-lerntypen-gibt-es/, letzter Zugriff 11.03.2020.

Fröchtenicht, Dieter: »Jugendfeuerwehr«, 2., überarbeitete und erweiterte Auflage, Stuttgart, Verlag W. Kohlhammer (2016).

Grundmann, Prof. Matthias: »Menschen sind auf Beziehungen angewiesen«, https://www.uni-muenster.de/unizeitung/2010/6-120.html, letzter Zugriff: 11.03.2020.

https://www.gruppenleiterleitfaden.de/doku.php/leitfaden/3._die_gruppe, 2008, letzter Zugriff: 12.03.2020.

Hegeler, Anna: »Mobbing – was ist das? Einfach erklärt«, Focus online: https://praxistipps.focus.de/mobbing-was-ist-das-ein¬fach-erklaert_100334, letzter Zugriff: 24.02.2020.

Juleica Jugendleiter/in Card: https://www.juleica.de, letzter Zugriff: 24.02.2020.

Juristisches Informationsmaterial: https://dejure.org/gesetze/BGB/832.html, letzter Zugriff: 13.03.2020.

Kasper, Horst; Lindemeier, Bernd: »Wer mobbt braucht Gewalt«, Stuttgart, Süddeutscher Pädagogischer Verlag GmbH (2004).

Koch, Stephan: Vortrag zum Thema »Dienst- und Einsatztätigkeit von Minderjährigen« im Rahmen des Seminars »Kreisbrandmeister für Sicherheit 2019« der FUK Mitte, Thüringer Ministerium für Inneres und Kommunales, 08.11.2019.

Landeszentrale für politische Bildung Baden-Württemberg (LpB): »Die Maslowsche Bedürfnispyramide«, https://www.lpb-bw.de/fileadmin/Abteilung_III/jugend/pdf/ws_beteiligung_dings/2017/ws6_17/maslowsche_beduerfnispyramide.pdf, letzter Zugriff: 24.02.2020.

Praxis Jugendarbeit: https://www.praxis-jugendarbeit.de/, letzter Zugriff: 24.02.2020.

Schmidt, Elke: »Sexuelle Übergriffe durch Jugendliche«: https://www.familienhandbuch.de/babys-kinder/entwicklung/jugend¬liche/herausforderung/SexuelleUebergriffedurchJugendliche.php, letzter Zugriff: 14.04.2020.

Schulranzen.net: »Mobbing in der Schule: Über Ursachen, Folgen und Handlungsempfehlungen«: https://www.schulranzen.net/blog/schulalltag/mobbing-in-der-schule/, letzter Zugriff: 24.02.2020.

Quellenangaben wurden teilweise adaptiv für die Jugendfeuerwehr übernommen.

Anhang

Lösungen zu den Selbstkontrollen

1. **Pubertät**
   1. c
   2. a
   3. b
2. **Soziale Grundbedürfnisse**
   1. b
   2. a
   3. c
3. **Anforderungen an die Ausbilder**
   1. a
   2. c
   3. a
4. **Jugendfeuerwehrdienste für alle**
   1. b
   2. a
   3. c
5. **Nachhaltige und effektive Wissensvermittlung**
   1. a
   2. a
   3. c
6. **Kommunikation**
   1. b
   2. b
   3. a
7. **Motivation**
   1. b
   2. a
   3. a
8. **Feedback-Geben leicht gemacht**
   1. b
   2. c
   3. b
9. **Regeln in der Jugendfeuerwehr**
   1. a
   2. a
   3. c
10. **Regel-Verstoß**
   1. b
   2. b
   3. c

11. **Das Team und dessen Prozesse**
    1. c
    2. c
    3. b
12. **Mobbing**
    1. c
    2. b
    3. b
13. **Kooperation zwischen Erwachsenen und Jugendlichen**
    1. b
    2. b
    3. a
14. **Zusammenarbeit mit den Eltern in der Jugendfeuerwehr**
    1. b
    2. c
    3. b

Matthias van Rüschen

Jugendfeuerwehr-Übung nach FwDV 3

Praxistipps für Jugendliche

2., aktualisierte Auflage 2018
61 Seiten. Kart. € 9,–
ISBN 978-3-17-034883-7
Die Roten Hefte Nr. 98
Digital-Ausgabe erhältlich in der
BRANDSchutz-App und als E-Book.

Die Inhalte der Feuerwehr-Dienstvorschrift (FwDV) 3 „Einheiten im Lösch- und Hilfeleistungseinsatz" gelten sinngemäß auch für die Ausbildung von Jugendfeuerwehrangehörigen.

Das Rote Heft behandelt den Ablauf einer Jugendfeuerwehr-Übung nach FwDV 3 anhand einer fiktiven Jugendfeuerwehrgruppe. Das Jugendfeuerwehrmitglied „Max Brandmeister" stellt die Lösch-übung zielgruppengerecht und spannend anhand der Aufgaben der einzelnen Mitglieder der Löschgruppe dar. Jugendfeuerwehr-angehörige können sich somit praxisnah auf Wettbewerbe und Ähnliches vorbereiten.

Leseproben und
weitere Informationen:
www.kohlhammer-feuerwehr.de

Bücher für Wissenschaft und Praxis

Dieter Fröchtenicht

Übergang von der Jugendfeuerwehr in die Einsatzabteilung

2018. 78 Seiten. Kart. € 13,–
ISBN 978-3-17-032179-3
Digital-Ausgabe erhältlich in der BRANDSchutz-App und als E-Book.

Die Jugendfeuerwehr ist das Organ der Nachwuchsgewinnung der Freiwilligen Feuerwehr. Problematisch ist allerdings vielfach der Übergang von der Jugendfeuerwehr in die Einsatzabteilung. Zu diesem Zeitpunkt treten viele Jugendliche aus der Feuerwehr aus. Die Gründe dafür sind sehr unterschiedlich und reichen von veränderten Lebensumständen bis zum völligen Verlust des Interesses an der Feuerwehr.

Das Buch beschreibt die Problematik beim Übertritt von der Jugendfeuerwehr in die Einsatzabteilung und mögliche Beweggründe für den Austritt. Es gibt Anregungen und Hinweise, wie der Übergang in die Einsatzabteilung gestaltet werden kann, damit es gelingt, die Anzahl der Austritte zu reduzieren.

Leseproben und
weitere Informationen:
www.kohlhammer-feuerwehr.de

Kohlhammer
Bücher für Wissenschaft und Praxis